図解まるわかり

データベースのしくみ

Database

坂上幸大 [著]

JN081927

SE
SHOEISHA

本書の読者特典として、MySQLのSQL一覧表を提供します。下記の方法で入手し、さらなる学習にお役立てください。

会 員 特 典 の 入 手 方 法

❶ 以下のWebサイトにアクセスしてください。

URL https://www.shoeisha.co.jp/book/present/9784798166056

❷ 画面に従って必要事項を入力してください（無料の会員特典が必要です）。

❸ 表示されるリンクをクリックし、ダウンロードしてください。

※会員特典データのダウンロードには、SHOEISHA iD（翔泳社が運営する無料の会員制度）への会員登録が必要です。詳しくは、Webサイトをご覧ください。

※会員特典データに関する権利は著者および株式会社翔泳社が所有しています。許可なく配布したり、Webサイトに転載することはできません。

※会員特典データの提供は予告なく終了することがあります。あらかじめご了承ください。

　コンピュータやインターネットが普及した現代社会において、私たちはたくさんの情報に支えられて便利な生活を送ることができるようになりました。普段意識することはありませんが、少し周りを見渡すだけでもSNSやメッセージアプリ、電車の時刻、勤怠システムに記録される時間、地図アプリで出てくる飲食店の情報、スマホに通知されるスケジュール、インターネットでお買い物するときの商品情報など、たくさんの情報を浴びながら暮らしていることがわかります。

　そしてこのような情報は今日も世界中のいたるところで増大し続けています。これらの膨大な情報はどこにどのように保存されているのでしょう。そして自身で大量の情報を取り扱う際にはどうすればいいのでしょうか。この問題を解決するための大きな柱となる技術がデータベースです。

　本書では、次のようなデータベースを取り扱ううえで最初に知っておくべき内容を網羅しています。

- データベースの基礎知識
- データベースの操作方法
- システム設計の知識
- データベース運用の知識

　データベースの技術はこれからも少しずつ進化していくことが予想されますが、根底となる基本的な知識はシステム管理者や設計者、エンジニアにとって長期にわたり役立つことでしょう。この本がその理解の一助となることを願っております。また、これからデータベースに携わる方々の最初の1冊として、活用していただけましたら幸いです。

2020年12月　坂上幸大

目次

第1章 データベースの基本
～データベースの概要をつかむ～ 13

第 **2** 章 データの保存形式
～リレーショナルデータベースの特徴～

第 **3** 章 データベースを操作する
～SQL の使い方～

第4章 データを管理する
～不正なデータを防ぐための機能～
93

第5章 データベースを導入する
～データベースの構成とテーブル設計～　129

第 **8** 章 データベースを活用する
〜アプリケーションからデータベースを使う〜　211

データベースの基本
～データベースの概要をつかむ～

身の回りにあるデータ

データとデータベース

　身の回りにはたくさんの情報があふれかえっています。例えば、お店で売られている商品の名前や値段、住所録に載っている名前や電話番号、スケジュール帳の日付や予定など、少し周りを見渡すだけでも多くの数値やテキスト、日時に囲まれて私たちは暮らしています。この1つ1つの情報のことをデータと呼んでいます（図1-1）。

　1つ1つのデータは、ある1点の事実や資料、状態といったものを表していますが、ケースによっては大量のデータがあったり、体裁がバラバラだったり、いろんな場所に散らばっていたりしているでしょう。このような状態になっていると、データは不便で扱いづらいものになってしまいます。しかし、データをどこか**1カ所に整理して集めておけば、いつでも素早く見たい情報を取り出せたり、複数の事実から分析を行って、新たな情報を得られるようになったり**します。このように複数のデータを集めて有効に活用できるようにしたものがデータベースです（図1-2）。

データやデータベースの例

　ケーキ屋さんを例に考えてみましょう。商品1つ1つの名前や値段がデータです。これらは商品を購入するお客さんに伝えたり、売上を計算したりするときに使う資料となります。もし経営している立場であれば、これらのデータはバラバラに使うわけではなく、表などで1カ所にまとめてあることでしょう。このように活用しやすいようにデータベースにしておくことで、後からどの商品がいくらなのかを素早く確認できます。

　また、それとは別に売れた商品や個数を記録するために、レジに通した商品の情報を1カ所にまとめてデータベース化しておくことで、後から今日の売上を計算したり、来店人数を集計したりすることができるようになります。

図1-1 　　　　　　　　　　身の回りにあるデータ

・商品名
・値段

・名前
・電話番号

・日付
・予定

図1-2 　　　　　　　　　　データベースの役割

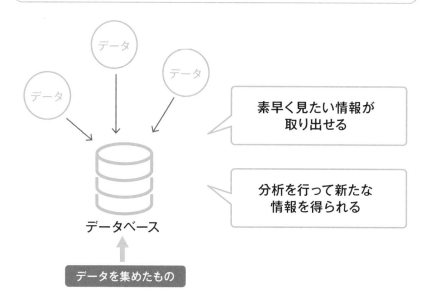

素早く見たい情報が
取り出せる

分析を行って新たな
情報を得られる

データベース

データを集めたもの

Point

⟋ データは、数値や文字、日付などの資料のこと
⟋ データベースは、複数のデータを整理して集め、有効に活用できるよう
　にしたもの

» データベースの特徴

データベースの特徴

　データベースには、おおまかに登録・整理・検索ができるという特徴があります（図1-3）。

　データベースには大量のデータを登録することができ、例えば随時商品データを追加するといったことができます。そしてデータは整理してそれぞれ同じ形式で保存しておくことができます。ケーキで例えるなら「値段」といったデータを持っていますが、これらを100、100円、￥100のようにバラバラのフォーマットではなく、100、100、100のように整頓された形でデータベースに格納されます。これらは必要に応じて編集・削除を行うこともできます。**このように整理しておくことで、登録したデータの中から必要なデータを検索してすぐに取り出すことができるようになります。**例えば商品ごとの値段をデータベースに登録しておけば、後から200円以上の商品だけを取得できますし、売れた商品と日時を保存しておけば、今日の売上を取得することが可能です。このように格納されているデータをもとにした条件を加えて、欲しい情報を抽出することができます。

ショッピングサイトでのデータベースの活用例

　ショッピングサイトの商品管理には、データベースが使われています。管理者が商品ごとに商品名、価格、販売開始日、商品画像URL、紹介文などの情報をデータベースに登録しています。ショッピングサイト上では、このデータベースから商品情報を取り出して内容を表示しています。購入者は、たくさんの商品の中から商品名で検索できたり、価格で絞り込めたりすることができますね（図1-4）。これはデータベースの検索機能によって、実現されています。

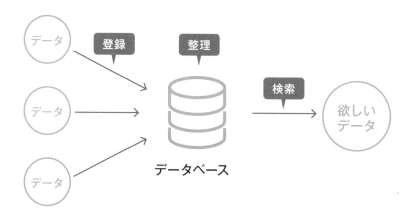

図1-3 データベースは登録・整理・検索ができる

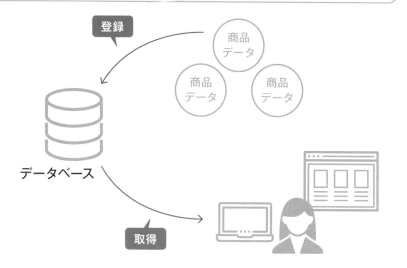

図1-4 ショッピングサイトでのデータベース活用例

Point

- データベースのおもな特徴として、登録・整理・検索がある
- ショッピングサイトで購入者が大量の商品情報から絞り込みできるのは データベースのおかげ

》 データベースを動かすシステム

データベース管理システム（DBMS）と役割

　データベースを扱うには、データベースを管理するデータベース管理システムを用います。DataBase Management System の頭文字を取ってDBMS と呼ばれることもあります。データベース管理システムは、データの登録・整理・検索の機能の他、**登録するデータに対する制限（数値や日付しか登録できない、空欄が登録できないなど）や、データに矛盾がないように整合性を保つしくみなどが兼ね備えられています。**他にも不正アクセスの対策としてデータの暗号化やデータを扱えるユーザーの管理などのセキュリティ面に関わる機能や、障害が起きたときにデータを復旧するしくみが備わっているものもあります（図1-5）。

　データを管理するにはさまざまな要件が求められます。このようなシステムを自作しようとすると、大変な時間と労力が必要です。しかし、データベース管理システムを導入すれば、大量のデータを扱うための必要な機能が網羅されているため、データ管理について自身で考える労力が減り、データを登録・整理・検索するという本来の目的に専念することができるようになります（図1-6）。

データベース管理システムとデータベースの関係

　データベース管理システムはデータベースの司令塔であり、ここに指示を送ることでデータベースを操作することができます。例えば、データベースにデータを追加したいときは、まずデータベース管理システムに「データを追加したい」という指示を送りその指示に従ってデータベースにデータを登録します（図1-7）。命令を間違えて不正なデータを登録しようとすると、データベース管理システムが登録を中止し、エラーを返します。

　このようにデータベース管理システムが、**ユーザーとデータベースの間に入って仲介する役割を果たしてくれる**ことで、データベースをより便利に安全に使えるようになっています。

図1-5　データベース管理システムの役割

・データの登録・整理・検索
・データに制限をつける
・データの整合性を保つ
・不正なアクセスからデータを守る
・障害時にデータを復旧する

たくさんのデータを
管理するのは大変……

データベース管理システムが
データを管理

図1-6　データベース管理システム導入のメリット

データ登録機能

データ検索機能

暗号化機能

データ復旧機能

自作するのは大変……

データベース管理システム

データ管理に必要なことを
全部やってくれる

図1-7　データベースを操作する流れ

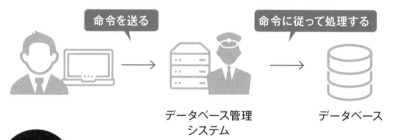

命令を送る

命令に従って処理する

データベース管理
システム

データベース

Point

- データベース管理システム（DBMS）を導入することで、大量のデータを扱うときに必要な機能が利用できる
- データベースを操作したいときは、データベース管理システムに命令を送ることで、データベース管理システムが指示に従ってデータベースを処理してくれる

≫ データベースを導入する理由

データベース管理システムの機能

　データベース管理システムには、データの登録・更新・削除といった基本的な機能の他、以下のような機能が備えられています（図1-8）。

❶データの並べ替えや検索ができる

　　登録されているデータを数値の大小で並べ替えたり、特定の文字列を含むデータを検索したりして、目的のデータをすぐに呼び出すことができます。

❷登録するデータの形式や制限を決めておける

　　数値や文字列、日付といった保存するデータの形式や、デフォルトで保存しておきたい値、他のデータと値がかぶらないようにするといった制限を指定することができます。

❸データの矛盾が起こらないようにする

　　複数のユーザーが同時に同じデータを編集しようとした場合などに、不整合なデータが発生しないように制御します。

❹不正なアクセスを防止する

　　ユーザーのアクセス権限の設定やデータの暗号化を行って、機密データを安全に保管します。

❺障害時にデータを復旧する

　　システム障害によってデータの破損や消失が起きた場合に備えて、データを復旧するしくみがあります。

　データベース管理システムを導入すれば、**このようなあらかじめ用意されたデータ管理に必要な機能が使える**ようになります。

図1-8　データベース管理システムの機能

検索

欲しいデータをすぐに
呼び出せる

制限

商品ID	数値	重複した値は保存できない
商品名	文字列	20文字まで
価格	数値	マイナスの値は保存できない
購入日	日付	

保存するデータにフォーマットや制限を
指定できる

制御

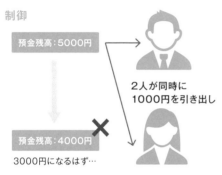

2人が同時に
1000円を引き出し

3000円になるはず…

データの矛盾を防ぐ

アクセス権限

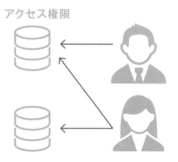

ユーザーごとにアクセスできる
権限を設定できる

復旧

障害発生　　　　　もとのデータに復元

Point

- データベース管理システムには、データ管理に必要な機能があらかじめ用意されている
- データの登録・更新・削除の他、データの並べ替えや検索、データのフォーマットや制限の指定、データ矛盾や不正アクセスの防止、障害時の復旧といった機能が備えられている

》 データベース管理システムの種類

商用とオープンソース

データベース管理システムには、商用とオープンソースのものがあります。

商用のデータベース管理システムは、多くの場合企業や個人が開発・販売しており、有料で提供されています。

オープンソースはソースコードが公開され誰でも自由に使えるようになっているソフトウェアのことで、無料で使えるものが多いです。

それぞれの特徴について以下でさらに詳しく解説していきます。

商用のデータベース管理システムの特徴

基本的に有料ですが、**さまざまな用途に導入可能にするため拡張できるようになっていたり**、**機能が豊富であったり**、**サポートが充実**しています。ただし高額な費用がかかることもあるので、コストに見合った恩恵が受けられるか慎重に検討する必要があるでしょう。

大企業や大規模なシステムに導入されている実績のある製品が多いので、高い信頼性が求められるデータベース管理システムにおいては、商用のものが採用されているケースが多いです。

代表的な製品として、図1-9のものが挙げられます。

オープンソースのデータベース管理システムの特徴

無料で使えるものが多いため、機能面や安全性、パフォーマンスが劣っていると思われることがありますが、**日々改良が加えられてきており、実用的な場面でも問題なく稼働している事例が数多くあります**。ただしサポートはないことが多いので、専門知識がない場合は取り扱いが難しいというデメリットもあります。

代表的なものとして、図1-10のものが挙げられます。

図1-9	代表的な商用のデータベース管理システム
Oracle Database	最も広く使われているデータベース管理システム。大企業・大規模システムで導入されている実績が多い
Microsoft SQL Server	Microsoft のデータベース管理システム。商用データベースではOracleに次ぐシェアを誇っている。こちらも企業で使われている例が多く、Microsoft製品との相性がよい
IBM Db2	IBMのデータベース管理システム。近年ではデータベースにAI機能を搭載したことによる、運用の負担軽減、自然言語での問い合わせ、ユーザーが気づいていない洞察を導き出す機能などが注目されている

図1-10	代表的なオープンソースのデータベース管理システム
MySQL	オープンソースのデータベース管理システムの中で、最も広く使われている。現在はオラクルによって維持されており、使用用途によってはライセンス料が必要。多くのWebサービスに採用されている。速さ・軽さに定評がある
PostgreSQL	MySQLとよく比較されて選ばれることが多い。多くのプラットフォームで動作し、充実した機能面に定評がある
SQLite	アプリケーションに組み込んで利用することができる軽量のデータベース。大規模システムでの利用は不向きだが、手軽に使える
MongoDB	NoSQLに分類されるデータベースの中では最も普及している。ドキュメント指向型データベースと呼ばれ、自由なデータ構造で保存できる（NoSQLについては2-5参照）

Point

- データベース管理システムには、商用とオープンソースのものがある
- 商用の製品は基本的に有料だが、実績や機能が豊富で、サポートが充実している傾向にある
- オープンソースは無料で使えることが多いが、取り扱いにはより深い専門知識が求められる

》 データベースを操作するための命令文

SQLは対話形式でやりとりする

SQLはデータベースに命令を送るための言語です。SQL言語のコマンドをデータベース管理システムに送ると、その内容に従ってデータベースを操作することができます（図1-11）。また、SQLは規格化された言語です。1-5で紹介したようにデータベース管理システムにはたくさんの種類がありますが、多くのシステムで共通のSQL言語を使うことができます。SQL言語さえ覚えておけば、代表的なデータベース管理システムは同様のコマンドで操作することができるというわけです。

また、SQLにはデータベースと対話形式でやりとりするという特徴があります。例えば、新しいデータベースを作成するためのSQLコマンドをデータベース管理システムに送ると、それを受け取ったデータベース管理システムは命令に従ってデータベースを操作し、処理が終わると実行結果を返します。

このようにSQLでデータベースを操作するときは、命令を送り、その結果が返ってくる、という流れをデータベース管理システムと1対1で繰り返すことになります（図1-12）。

SQLでできること

SQLを使うと、データベースに関するさまざまな操作を行うことができます。具体的なSQLの使い方は第3章で解説していきますが、おおまかには以下のようなものがあります。

- 新しいデータベースやテーブルの作成・削除
- データの追加・編集・削除
- データの検索
- データにアクセスできるユーザー権限の設定

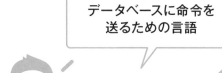

図1-11　SQLとは?

図1-12　データベースと対話形式でやりとりする

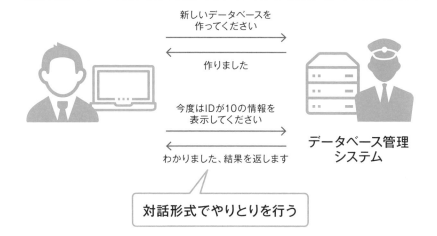

Point

- データベースを操作するときは、SQLという言語を使ってデータベース管理システムに命令を送る
- データベース管理システムとはSQLを使って対話形式でやりとりする

» データベースの利用例

POSレジ・予約管理におけるデータベースの利用例

　飲食店や小売店で導入されているPOSレジにもデータベースが使われています。レジで商品のバーコードを読み取ると、購入した日時や商品情報がデータベースに保存されるというしくみです。このようにデータを記録しておくことで、1日で売れた商品の数のチェックや、売上の集計も簡単に終わらせることができるようになります（図1-13）。また、あらかじめ商品の在庫を登録しておけば、売れた商品の情報から、残りの在庫数を確認するといったこともデータ上で可能となります。

　また、乗り物や宿、お店を予約管理するWebサイトやスマホアプリにも、顧客データの保存先としてデータベースが用いられています。アプリケーションを通じて、誰が、いつ、どの席や部屋を予約したかをデータベースに格納しておき、データベース上で予約数を集計すれば、アプリ上には残りの予約可能数を表示するといったことも実現できます。

蓄積したデータは分析に使える

　データベースは、**蓄積したデータをもとにした計算や、特定の条件に一致するデータを抽出する機能**を備えています。これを使ってデータベースを分析に利用する例もあります。

　POSレジの例でいえば、売上データから毎日の売上集計処理を早く終わらせることができますし、月別で商品ごとの売上結果を抽出すれば「この商品は夏によく売れているけれど時期が過ぎるとまったく売れなくなる」とか、お客さんの会員情報と照らし合わせて「これはあんまり売れないけど特定のお客さんが何回も買っている」とか、時間別の売上を集計すれば「この時間帯はお客さんが少ない」、といった情報が得られます（図1-14）。それをもとにして仕入れる商品を変えたり、売り出す季節や時間を変えたりするなど、売上アップのための改善策や、業務効率を上げる策を導き出すための材料として役立てられている例もあります。

図1-13	POSレジでのデータベース利用例

購入された商品の情報を
データベースに保存

必要な情報を集計できる

・1日で売れた商品の数
・今日の売上

図1-14	データベースを用いたデータ分析

記録した売上データ

記録したデータを
分析に使える

夏によく
売れる商品

特定のお客さんの
リピートが多い商品

お客さんが
よく来る時間帯

Point

- データベースの利用例にはPOSレジや予約管理システムが挙げられ、売上データや顧客データを保存しておく用途に用いられる
- データベースに蓄積したデータは、売上集計以外に売上アップや業務効率化のためのデータ分析の材料として役立てられている例もある

身近で使われている データベース

図書館の蔵書データベース

図書館に所蔵されているたくさんの本の情報を管理しているのもデータベースです（図1-15）。

新しい本が入ってきたら、データベースに本のタイトルや作者名、ジャンル、棚の位置などを登録しておきます。その内容をもとにして、図書館に置いてある端末やWebサイトから目的の本を探し出すことができるようになっています。

また、カウンターで本を借りるときや返すときは、誰が、どの本を、いつ貸し借りしたかという情報をデータベースに記録しています。そのおかげで、**後から対象の本が貸出中かどうかを確認できますし、管理者側で返すのが遅れている本も確認する**といったことが実現できます。

ショッピングサイトの商品データベース

スマホやPCから手軽にお買い物ができるショッピングサイトでもデータベースが使われています（図1-16）。

サイトを開くと出てくる商品は、どれもタイトルや画像URL、カテゴリ、価格、紹介文といった情報がデータベースに保存されています。素早くカテゴリや価格で絞り込むことができたり、並べ替えたりできるのもデータベースのおかげです。

商品以外に、誰が、いつ、どの商品を購入したかという購入情報もデータベースに記録しておくことで、**商品の在庫がゼロになったら自動的に商品一覧に表示させない機能を追加したり、よく売れる商品の傾向を分析する**といったことも可能となります。

その他にも商品のレビューや、過去に購入された商品をもとにしたレコメンド機能を導入する場合も、データベースをもとに実装することができます。

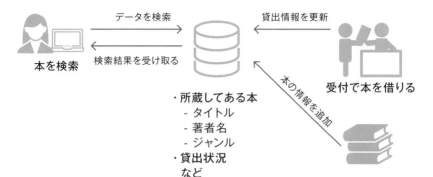

図1-15　図書館でのデータベース利用例

データを検索

検索結果を受け取る

本を検索

貸出情報を更新

受付で本を借りる

本の情報を追加

・所蔵してある本
　- タイトル
　- 著者名
　- ジャンル
・貸出状況
など

新しく増えた本

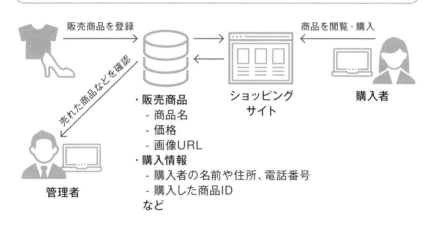

図1-16　ショッピングサイトでのデータベース利用例

販売商品を登録

売れた商品などを確認

管理者

ショッピング
サイト

商品を閲覧・購入

購入者

・販売商品
　- 商品名
　- 価格
　- 画像URL
・購入情報
　- 購入者の名前や住所、電話番号
　- 購入した商品ID
など

Point

🖊 図書館に所蔵されている本や貸出情報はデータベースで管理されており、それをもとにして本の検索システムや、貸出状況を確認するために利用されている

🖊 ショッピングサイトでは商品情報や購入者情報をデータベースに記録しておき、商品の検索・閲覧ページを表示したり、よく売れる商品の傾向を分析したりする用途に用いられる

やってみよう

　あなたの身の回りにあるデータを書き出してみましょう。また、それはすでにデータベースとして扱われていないか、もしくはデータベースにするとどのように便利になるか考えてみましょう。

-
-
-

回答例

- 売れた商品、個数、価格
  - → POS レジでバーコードを読み取ることでデータベースに記録している
  - → 後からよく売れている商品を集計することができる

- 名前、電話番号、メールアドレス
  - → スマホの住所録アプリで登録、変更ができ、名前で検索することができる

- 図書館に所蔵されている本のタイトル、作者名、ジャンル、貸し出し状況
  - → 端末から所蔵されている本を検索することができる

- 図書館で貸し出した本の名前、借りた日、返した日、会員番号
  - → カウンターで本を貸し借りするときに、貸し出し状況を記録
  - → 貸し出し中の本や、一定の期限を過ぎてもまだ返していない会員が把握できる

第2章

データの保存形式
～リレーショナルデータベースの特徴～

≫ さまざまなデータの保存形式

データモデルの種類

データベースには**一定の規則に従ってデータが格納**されています。この
データの構造をデータモデルと呼び、以下のような種類があります。

● 階層型

　階層型は、木が枝分かれしているように、1つの親に複数の子がぶ
ら下がっていくモデルで、会社の組織図に近いイメージです（図
2-1）。会社の複数の部署にいくつかのチームが存在して、それぞれの
チームには複数のメンバーが所属している構成になります。この構造
はデータ検索が高速ですが、今回の例でいうと複数のチームに所属す
るメンバーがいるとデータが重複するデメリットもあります。

● ネットワーク型

　ネットワーク型は、データを網目状で表すモデルです（図2-2）。
階層型は1つの親に対して複数の子を持っていましたが、ネットワー
ク型は複数の親を持つこともできます。この構造は階層型のデメリッ
トであるデータの重複を避けることができますが、現在ではより利便
性の高い、以下のリレーショナル型が主流となりました。

● リレーショナル型

　リレーショナル型は、行と列を持った2次元の表にデータを格納す
るモデルです（図2-3）。複数の表を組み合わせることによって、多
様なデータに柔軟に対応できる特徴があります。階層型やネットワー
ク型では、データが格納されている構成を理解する必要があり、構成
を変更したら合わせてプログラムも改修する必要がありました。リ
レーショナル型はその影響が少なく、プログラムとデータを独立して管
理しやすくなります。利便性のよさから、現在の多くのデータベース
でリレーショナル型が使われています。**1-5**で紹介した**代表的なデー
タベース管理システムも、ほとんどがこのリレーショナル型**です。本
書でも以降の章ではリレーショナル型を前提に解説していきます。

図2-1　階層型

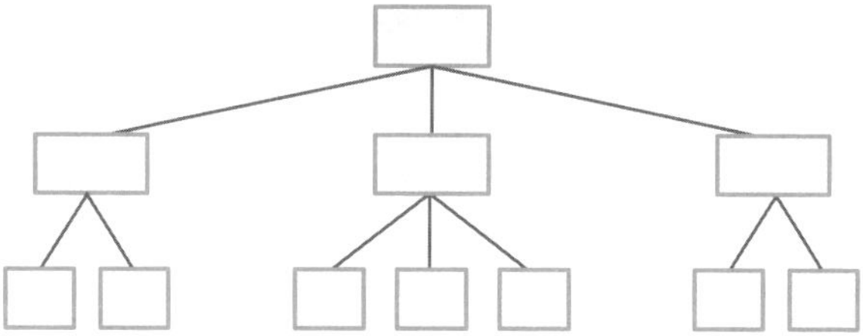

図2-2　ネットワーク型

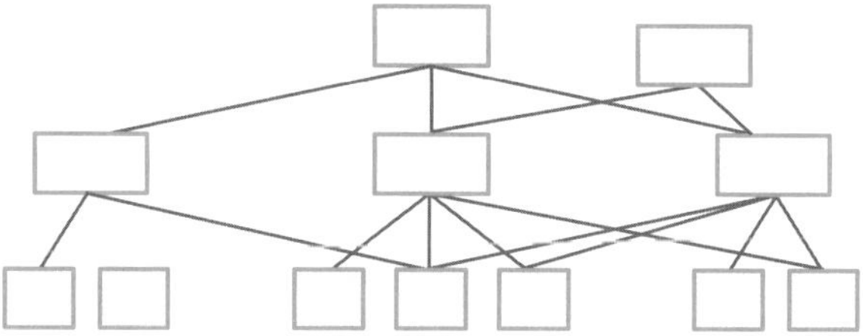

図2-3　リレーショナル型

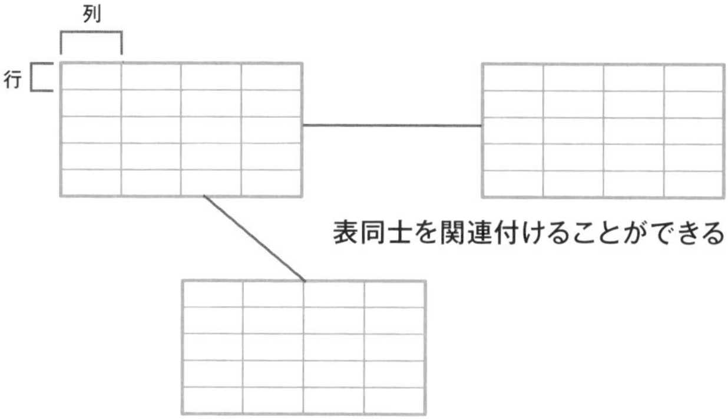

列

行

表同士を関連付けることができる

Point

- データモデルには、階層型、ネットワーク型、リレーショナル型といった種類がある
- 現在の代表的なデータベースのほとんどは、リレーショナル型

≫ 表の形式でデータを保存する

リレーショナル型データベースのデータの保存方法

　2-1でデータモデルの種類を紹介しましたが、ここでは現在のほとんどのデータベースで採用されているリレーショナル型でのデータの保存方法について、さらに詳しく解説していきます。

- **表形式でデータを格納しておくテーブル**

　リレーショナル型データベースでは、表形式でデータを格納しますが、この表のことをテーブルと呼びます（図2-4）。ショッピングサイトのデータベースを作成する例だと、サイトに登録している会員情報を保存しておくためのユーザーテーブルや、販売している商品情報を保存しておく商品テーブルを作成する必要があるといった具合です。このようにして**格納するデータの種類ごとにテーブルを作成することができます**。

- **テーブルの列にあたるカラムと行にあたるレコード**

　テーブルは行と列を持った2次元の表形式となっていますが、このうち列にあたるものをカラム、行にあたるものをレコードと呼びます（図2-5）。例えばユーザーテーブルに保存する項目として、名前や住所、電話番号が挙げられますが、このそれぞれの項目にあたる列が「カラム」です。また、ユーザーテーブルにデータを登録していくときに、例えば山田さん、鈴木さん、佐藤さんの情報を登録するとしましょう。この1人1人の行にあたるデータがレコードです。

- **各レコードの入力項目はフィールド**

　各レコードのそれぞれの入力項目のことをフィールドと呼びます（図2-6）。例えばユーザーテーブルに登録されているレコードの中で、名前の項目に入力された「山田」や、住所の項目に入力された「東京都」など、1つ1つの項目に対しての入力欄がフィールドです。※1

　※1　カラムのことを指してフィールドと呼ぶこともあります

| 図2-4 | データを格納するための表にあたる「テーブル」 |

テーブル ← データを入れるための表

| 図2-5 | 列にあたる「カラム」と行にあたる「レコード」 |

ユーザーテーブル

レコード ← テーブルの行

カラム ← テーブルの列

| 図2-6 | 各レコードの入力項目にあたる「フィールド」 |

ユーザーテーブル

名前	住所	電話番号
山田		
佐藤		
鈴木		
田中		

フィールド

ひとつひとつの入力欄

- テーブルはデータを格納するための表
- カラムはテーブルの列にあたる部分
- レコードはテーブルの行にあたる部分
- フィールドは各レコードの中にある1つ1つの入力項目

》 表同士を組み合わせる

テーブル結合とは？

　リレーショナル型データベースでは、**複数の関連するテーブル同士を組み合わせてデータを取得する**方法があり、これをテーブル結合と呼びます。テーブル結合を行うためには関連する2つのテーブルに、あらかじめテーブル同士を紐付けるためのキーとなるカラムを用意しておき、そこに保存された値が一致するレコードをペアにして1つの行として出力することができます。

テーブル同士を紐付ける例

　テーブル同士を紐付ける例を、ショッピングサイトのテーブルで考えてみましょう。図2-7のように、商品を購入したユーザーの名前と商品IDを格納する「users」テーブル、商品IDとその商品情報を格納する「items」テーブルがあるとします。この2つのテーブルを紐付けるために、「商品ID」という共通するカラムが設けられています。従って、「users」テーブルではユーザーが購入した商品IDを確認することができ、その商品の詳しい情報を参照したい場合は「items」テーブルの「商品ID」カラムの値に一致するレコードを見る必要があるということになりますね。

まとめてデータを取得する

　2つのテーブルは独立していますが、商品を購入したユーザーの名前と、購入した商品の名前や価格をまとめて取得したい場合は図2-8のようにテーブル結合を行います。すると、「users」テーブルの「商品ID」カラムと、「items」テーブルの「商品ID」カラムに保存されている値が一致しているレコードを組み合わせて、まとめて取得することができます。
　このように1つのテーブルから別のテーブルへの紐付けで、さまざまな形式のデータがリレーショナル型データベースで表現できます。

図2-7　テーブル同士を紐付ける例

usersテーブル

ユーザー名	商品ID

itemsテーブル

商品ID	商品名	価格

共通するカラムを設けて紐付ける

図2-8　テーブルを結合する例

usersテーブル

ユーザー名	商品ID
山田	2
鈴木	3
佐藤	2

itemsテーブル

商品ID	商品名	価格
1	パン	100
2	牛乳	200
3	チーズ	150
4	卵	100

結合

ユーザー名	商品名	価格
山田	牛乳	200
鈴木	チーズ	150
佐藤	牛乳	200

Point

- リレーショナル型データベースにおいて、複数の関連するテーブル同士を組み合わせてデータを取得することをテーブル結合と呼ぶ
- テーブル同士を紐付けることで、さまざまな形式のデータをリレーショナル型データベースで表現することができる

第2章　表同士を組み合わせる

37

» リレーショナル型の メリットとデメリット

リレーショナル型のメリット

　リレーショナル型のデータベースが広く使われている理由として、さまざまなメリットがあることが挙げられます（図2-9）。

　リレーショナル型のデータベースでは、格納するデータにルールをあらかじめ決めておくことができます。例えば数値しか保存できないとか、空欄にできない、といった指定が可能です。これにより一定のフォーマットでデータが統一されます。**規格外のデータが登録されようとすると、処理前の状態に安全に戻すしくみ**も整えられています。

　また、複数のテーブルを関連付けた構成でデータを格納することにより、設計によって同じデータが複数の箇所に点在しているといったことを防ぐことができます。そのためデータを更新するときは1カ所を修正すればよく、更新コストを小さくすることが可能です。

　さらに、**1-6**で述べたSQLを使ってデータの登録や削除、取得を行え、複雑な条件でのデータ検索や集計であっても、正確に取得することができます。

リレーショナル型のデメリット

　一方でリレーショナル型のデメリットとしては以下のような点が挙げられます（図2-10）。

　まず、データが膨大になるにつれて、**処理速度の遅さが目立つようになり**、複雑な処埋や集計が引き金となって、大きな遅延を起こすようになることがあります。

　データの一貫性を厳密に保っているがゆえに、別々のサーバに分けてデータを分散させ、処理能力を上げるといったことが困難です。

　また、グラフと呼ばれるデータ、XMLやJSONと呼ばれる非構造化データといったような階層的で自由度が高いデータを表現することも難しいです。

リレーショナル型のメリット

更新コストが最小限

データのフォーマットが統一

正確なデータ取得

データがきれいに
整頓された状態を保てる

リレーショナル型のデメリット

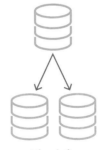

処理速度が
遅い

データを
分散できない

表現しにくい
データもある

Point

- リレーショナル型データベースには、データに細かく規則を設けることで整合性を保ち、情報の登録や取得が正確に行えるというメリットがある
- 一方で、データが膨大になると処理速度が遅くなったり、データを分散できなかったり、表現しにくいデータがあるというデメリットもある

≫ リレーショナル型以外の形式

NoSQLとは?

NoSQL は Not Only SQL の略だといわれており、**リレーショナル型以外のデータベース管理システムを指している言葉**です。例を挙げると MongoDB や Redis などがそれにあたります。ここまでは最も広く普及しているリレーショナル型を中心に解説してきましたが、近年ではNoSQLデータベースが用いられる事例も増えてきています。

リレーショナル型は、格納されているデータを厳しく管理し、一貫性や整合性を保てる一方、処理の遅さやデータを分散できないといった大規模なデータへのパフォーマンス面での問題がありました。とくにビッグデータといった大容量のデータを扱うニーズが増えている昨今では、リレーショナル型では実情と合わない事例も出てきており、そのデメリットを補うために NoSQL が注目されるようになっています（図2-11）。

NoSQLの特徴

NoSQL に分類されるデータベースには以下のような特徴があります。

- メリット
  - 処理が速く、大量のデータを扱える
  - 多様な構造のデータが格納できる
  - データを分散して処理することができる
- デメリット
  - リレーショナル型にあるデータ同士の結合がサポートされていない
  - データの一貫性や整合性を保つ機能は弱い
  - トランザクション（**4-14**参照）は使えないことが多い

多様な大容量のデータを高速に処理できるため、データ解析やリアルタイムな処理が求められるコンテンツに活用されています（図2-12）。

図2-11 リレーショナル型とNoSQLの違い

データは統一して
管理されるけど、
大規模なデータが扱いづらい

データの整合性よりも、
大量のデータを素早く
処理することが優先

最も普及している
リレーショナル型

リレーショナル型ではない
特性を持ったNoSQL

図2-12 NoSQLが使われる事例

大規模な
データ解析

リアルタイムな
処理が求められるゲーム

リッチな
Webコンテンツ

Point

- NoSQLは、リレーショナル型以外のデータベース管理システム
- データの整合性よりも大容量のデータを高速に処理することが優先されているので、大規模なデータ解析やリアルタイムな処理が求められる用途に使われることが多い

NoSQLデータベースの種類①
～キーとバリューを組み合わせたモデル～

NoSQLのモデルの種類

NoSQLと呼ばれるデータベースは、データの方式によっていくつかの種類に分類されます。ここでは参考までにいくつかのモデルを紹介します。

● キーバリュー型

キーバリュー型は、キーとバリューの2つのデータをペアにしたものを格納していくことができるモデルです（図2-13）。バリューには記録したい情報、キーには その情報を識別する値を格納します。

例えば、キーに今日の日付、バリューに気温や湿度などの情報を登録していくと、後からキーである日付をもとにして、バリューに登録した気候の情報を取得できます。このように、メインとなる値とそれを識別するための2つの値からできている情報をどんどん格納していくことができ、キーをもとにして情報を素早く取り出したいときに最適なモデルです。

シンプルな構成のため読み書きが速く、後から情報を分散しやすいのが特徴です。キーバリュー型が用いられている例として、アクセス履歴やショッピングカート、ページのキャッシュなどが挙げられます。

● カラム指向型

カラム指向型は、キーバリュー型を拡張したようなデータ構造で、1つの行を識別するキーに対して、複数のキーとバリューのセットを持つことができるようになっているモデルです（図2-14）。

1行に対して複数の列（カラム）がある構造なのでリレーショナル型と似ていますが、列の名前や数が固定されているわけではなく、**行ごとに後から列を動的に追加することができ、他の行に存在しない列も作成できる**のが特徴です。

1行ごとに不定形のデータを格納していくことが可能なので、例えば各ユーザーが割り当てられた行に、後から列を追加して、新たな情報を次々に加えていくといった使い方ができます。

図2-13　キーバリュー型

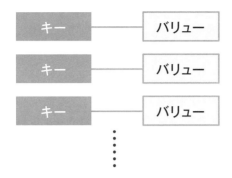

図2-14　カラム指向型

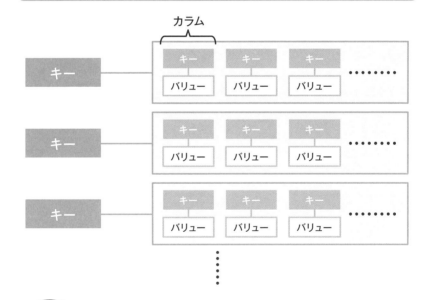

Point

🖉 キーバリュー型は、キーとバリューの2つのデータをペアにしたものを格納していくことができるモデル

🖉 カラム指向型は、1つの行を識別するキーに対して、複数のキーとバリューのセットを持つことができるようになっているモデル

» NoSQLデータベースの種類②
～階層構造と関係性を表すモデル～

ドキュメント指向型

　ドキュメント指向型は、JSONやXMLと呼ばれる階層構造を持った形式のデータを格納することができるモデルです（図2-15）。代表的なデータベース管理システムに、MongoDBがあります。あらかじめテーブルの構造を決めておく必要がなく、自由な構造のデータをそのまま取り込むことができるという強みがあります。

　例えばWebアプリケーションで普及しているJSONデータには、複数の項目が含まれており、項目ごとに配列やハッシュといった形でさらに深い階層構造になっていることがよくあります。そのような複雑な構造をリレーショナル型で格納する場合は、保存するデータを取捨選択し、各データの形を解析して適切な形に直して保存する必要があります。また、途中でデータ構造が変わった場合は、テーブル設計を新たに見直す必要も出てくるでしょう。ドキュメント指向型では、受け取ったデータをそのままの状態で格納することができるため、**後からデータ構造が変わった場合でも、データベースの設計を変える必要がありません。**

グラフ型

　グラフ型は関係性を表現するのに最適なモデルです（図2-16）。

　例えばユーザーAがBと友達で、BはC、Dと友達、といったようなネットワーク構造のデータを格納するのに長けています。今回の例だとユーザーAがノードと呼ばれ、各ユーザー同士のつながりをリレーションシップ、そしてノードやリレーションシップが持つ属性をプロパティとして、これらの3要素を格納できます。**あるユーザーの友達の友達といった関係をめぐる検索を高速に行うことができるといったメリット**があります。

　各ユーザーのつながりから興味関心のあるものを分析することによって、ショッピングサイトのレコメンドシステムや、地図アプリにおいて一番 効率のよい経路の探索に応用するといった使い道が考えられます。

図2-15 **ドキュメント指向型**

ドキュメント

キー

```
{
name: "佐藤",
address: {
        country: "日本",
        prefecture: "東京都"
},
tags: [***, ***, ***]
}
```

ドキュメント

キー

```
{
name: "鈴木",
address: {
        country: "日本",
        prefecture: "神奈川県"
},
tags: [***, ***, ***]
}
```

図2-16 **グラフ型**

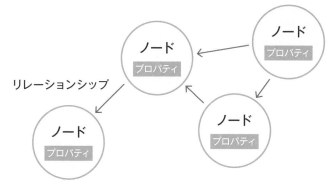

ノード
プロパティ

ノード
プロパティ

リレーションシップ

ノード
プロパティ

ノード
プロパティ

Point

- ドキュメント指向型は、JSONやXMLと呼ばれる階層構造を持った形式のデータを格納することができるモデル
- グラフ型は関係性を表現することができるモデル

やってみよう

データベースを作ってみよう

　リレーショナル型データベースで、図書館に所蔵されている本や、連絡先を記録しておくためのアドレス帳をデータベースにしてみましょう。どのようなテーブルやカラムが必要か考えてみてください。また、レコードを追加したときに、フィールドにどのような値が入るか考えてみましょう。

図書館に所蔵されている本の例

名前	作者名	ジャンル	貸し出し状況
プログラミング入門	山田　太郎	IT	貸し出し中
データベース活用術	鈴木　一郎	IT	所蔵
エンジニアの仕事術	斉藤　次郎	ビジネス	貸し出し中

アドレス帳の例

名前	ふりがな	電話番号	メールアドレス
山田　太郎	やまだ　たろう	090-****-****	yamada@***.com
鈴木　一郎	すずき　いちろう	090-****-****	suzuki@***.com

データベースを操作する
～SQLの使い方～

≫ データベースを操作する準備

データベースを操作する準備と接続方法

　1-6ではデータベースを操作する言語であるSQLについて解説しましたが、ここからは具体的にどのようなSQLコマンドがあるのか解説していきます。

　SQLコマンドを使ってデータベースを操作するためには、まず準備段階として、データベース管理システムに接続しなければなりません。イメージとしては、インターネットでお買い物するときのショッピングサイトへのログインに近いです。サイトにログインすると、自分のアカウント情報や今までに購入した商品が確認できたり、お知らせを受け取ったりできますが、同じようにデータベースに接続することで命令を受け付ける準備ができます。

　データベースへの接続は、**コマンドが入力できるソフト上でデータベースに接続するコマンドを実行する**のが定番です。データベース管理ソフトによってコマンドは違いますが、ホスト名やユーザー名、パスワード、データベース名を指定することが多いです。図3-1のコマンドは、データベース管理ソフトがMySQLの場合の例です。

コマンドを使わずに接続する

　開発者でないとコマンド操作はあまり馴染みがなく、難易度が高いかもしれません。データベース管理システムによって異なりますが、専用のクライアントソフトを使って接続することができたり、ブラウザで専用の管理ページにアクセスしてデータベースを操作するといった方法が用意されている場合もあります（図3-2）。この方法では、**コマンドを使わなくてもPCのソフトのように直感的な操作でデータベースに接続して操作する**ことが可能です。ただ、使っているソフトがどこまでの機能をカバーしているかによりますが、より高度な作業や細かな設定を行いたい場合はやはりSQLを用いる必要があります。

図3-1 **データベースに接続する**

コマンド

```
mysql -h ホスト名 -u ユーザー名 -p データベース名
```

コマンド入力ソフト

接続

データベース管理システム

図3-2 **クライアントソフトや管理ページからの接続**

← インストール

クライアント
ソフト

接続

データベース管理システム

ブラウザで
アクセス →

専用の
管理ページ

接続

Point

🖊 SQL コマンドを使ってデータベースを操作するためには、データベース
管理システムに接続する必要がある

🖊 データベースの接続方法にはコマンドを使って接続する方法以外に、専
用のクライアントソフトや管理ページにアクセスして接続する方法もあ
る

≫ データを操作する命令の基本文法

SQL言語には規則がある

　データベースを操作するときに使うSQL言語の文は、ある規則にしたがって構成されており、おおまかな基本文法を知っておくと理解がスムーズになります。

　SQL文は、**指定したい項目と値のセットをつなぎ合わせた形が基本**です。例えば図3-3は「SELECT」文と呼ばれるコマンドですが、項目と値のセットが連なっていることがわかり、文の終わりには必ずセミコロン（;）がついています。（「SELECT」については**3-7**参照）

SQL文の例

　図3-4は、テーブルからデータを取得するコマンド例です。このコマンドは以下のように分解して考えることができます。

- SELECT name：「name」カラムの値を表示する
- FROM menus：「menus」テーブルからデータを取得する
- WHERE category = '和食'：「category」カラムが「和食」のレコードを検索する

　上の3つを合わせると、「menus」テーブルから「category」カラムが「和食」のレコードを検索し、そのレコードの「name」カラムの値を表示する、という命令文となります。

　ここではテーブルから値を取得するSQL文を例に挙げましたが、この他にもレコードの追加、編集、削除といったさまざまなバリエーションがあり、これらについてもここで紹介したものと同じ文法で考えることができます（図3-5）。そのため、「FROM」や「WHERE」などの各項目の意味を覚えていけば、SQL文を読み取りやすくなります。

図3-3　　　　　　　　　　　　**SQL言語の基本文法**

一番最後はセミコロン

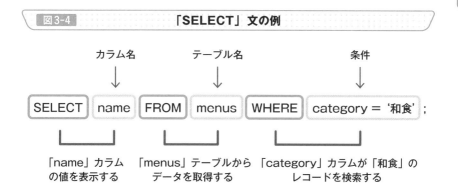

図3-4　　　　　　　　　　　　**「SELECT」文の例**

カラム名　　　　　テーブル名　　　　　　　　条件

| SELECT | name | FROM | menus | WHERE | category = '和食' ; |

「name」カラム　　「menus」テーブルから　「category」カラムが「和食」の
の値を表示する　　　データを取得する　　　　　レコードを検索する

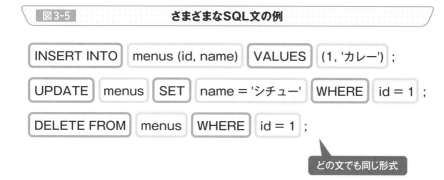

図3-5　　　　　　　　　**さまざまなSQL文の例**

| INSERT INTO | menus (id, name) | VALUES | (1, 'カレー') ; |

| UPDATE | menus | SET | name = 'シチュー' | WHERE | id = 1 ; |

| DELETE FROM | menus | WHERE | id = 1 ; |

どの文でも同じ形式

Point

⌿SQL言語は、指定したい項目と値のセットをつなぎ合わせた形が基本
⌿文の終わりにはセミコロン（;）をつける

» データベースを作成・削除する

複数のデータベースを管理できる

　データベース管理システム上では複数のデータベースを管理することができます（図3-6）。例えば、ある店舗の商品情報を管理するデータベースを作成し、それとは別にまったく違う用途であるスケジュール管理アプリで用いるデータベースを作成するといったことができます。これらのデータベースは**用途が違っても同じデータベース管理システム上で管理できる**ようになっています。

　また、アプリ開発において本番環境用のデータベースとは別に、**テストで使う開発環境用のデータベースを作成**する、といったシチュエーションでも対応することができます。

データベースを作成する

　新しいデータベースを作成するときは、コマンドでデータベース名を指定して作成します。データベース名は後から見て何に使われているデータベースなのか区別しやすい名前にしておくとよいでしょう。

　図3-7はコマンドを使って「データベースD」という名前のデータベースを作成している例です。MySQLでは、データベースの作成には「CREATE DATABASE」文を用います。

データベースを削除する

　データベースが必要なくなったときは、削除することができます。このときデータベースの中に保存されている内容は消えてしまうので注意しましょう。

　図3-8はコマンドを使って「データベースD」という名前のデータベースを削除している例です。MySQLでは、データベースの削除には「DROP DATABASE」文を用います。

図3-6	複数のデータベースを管理

データベース管理システム

複数のデータベースを
管理できる

データベースA　　データベースB　　データベースC

図3-7	データベースの作成

コマンド

CREATE DATABASE データベースD;

追加

データベースA　データベースB　データベースC　データベースD

図3-8	データベースの削除

コマンド

DROP DATABASE データベースD;

削除

データベースA　データベースB　データベースC　　データベースD

Point

🖋 データベース管理システム上では複数のデータベースを管理することが
できる

🖋 データベースを作成するときは、「CREATE DATABASE」文を使う

🖋 データベースを削除するときは、「DROP DATABASE」文を使う

» データベースを 一覧表示・選択する

データベースの一覧表示

　作成したデータベースの名前は一覧で確認することができます。MySQLの場合は「**SHOW DATABASES**」といったコマンドを使用します（図3-9）。

　3-3のようにしてデータベースを作成した後、データベースが正しく作成されているかを確認したり、削除する前や、この後解説するデータベースの選択時に、対象のデータベースの名前を確認したりするシチュエーションで用いられます。

データベースは選択して使う

　データベースに対して何か作業を行う際には、**数あるデータベースの中からどのデータベースに対して作業を行うか、あらかじめ指定しておく必要**があります。MySQLの場合は「**USE**」コマンドを使用しますが、図3-10のように「USE」の後にデータベース名を指定すると、これからその名前のデータベースを使いますよ、と宣言することができ、その後の操作は指定したデータベースに対して行われます。

　この後の節で解説する、テーブルの作成や削除、データの取得を行うといった作業は、特定のデータベースに対して行う作業です。これらの作業を行う前には、必ずどのデータベースに対しての操作なのかをあらかじめ指定しておく必要があります。

データベースを切り替える

　もしあるデータベースに対して作業をしていて、他のデータベースの作業に切り替えたいといったときは、再度「USE」コマンドを実行して別のデータベースを指定します。すると、その後の作業は新しく切り替えたデータベースに対して実行されます。

図3-9　　　　　　　　　**データベースの一覧表示**

コマンド

```
SHOW DATABASES;
```

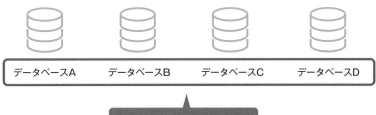

データベースA　　　データベースB　　　データベースC　　　データベースD

データベースの名前を確認できる

図3-10　　　　　　　　　**データベースの選択**

コマンド

```
USE データベースC;
```

これからこれを使いますよ

  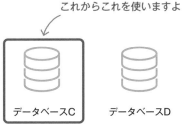

データベースA　　　データベースB　　　データベースC　　　データベースD

Point

🖊 データベースの名前を一覧表示するときは、「SHOW DATABASES」コマンドを使う

🖊 データベースに対して何か作業を行う際には、まず「USE」コマンドでデータベースを選択する

≫ テーブルを作成・削除する

テーブルの作成

2-2ではデータを格納しておくための表のことをテーブルということを解説しました。このテーブルをSQLを使って作成していきます。

MySQLでは「CREATE TABLE」文を使ってテーブルを作成しますが、このとき、作成したいテーブルやカラム（列）の名前、データ型を指定します（データ型については4-1参照）。図3-11では、「id」と「name」カラムを持つ「menus」という名前のテーブルを作成しています。

データベースの中に複数のテーブルを作成できる

3-3で作成した1つのデータベースの中には、複数のテーブルを作成することができます。そして1つのテーブルには、最初に作成したカラムの項目しか格納することができません。他の種類のデータを保存する場合は**別のテーブルを作成して、テーブルを分けて管理する**のが一般的です。例えば図書館データベースの中には、所蔵している本の情報を保存するテーブルと、本の貸し借りの履歴を保存するテーブルを作成するといった具合です（図3-12）。

テーブルを削除・確認する

テーブルが必要なくなったときや、間違えて作成してしまった場合は、テーブルを削除することができ、MySQLでは「DROP TABLE」文を使って削除したいテーブル名を指定します。図3-13の例では、「menus」という名前のテーブルを削除しています。

また、作成されているテーブルを確認することもでき、MySQLでは「SHOW TABLES」といったコマンドを使用します。**正しくテーブルが作成されているかどうかや、データベース内にどのようなテーブルがあるか確認する**ときのために使います。

| 図3-11 | テーブルの作成 |

コマンド

```
CREATE TABLE menus (id INT, name VARCHAR(100));
```

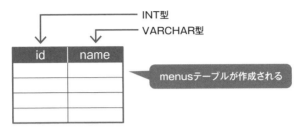

INT型

VARCHAR型

| id | name |

menusテーブルが作成される

| 図3-12 | データベースの中に複数のテーブルを作成 |

図書館データベース

本の情報テーブル　　　　　貸し借りの履歴テーブル

| 図3-13 | テーブルの削除 |

コマンド

```
DROP TABLE menus;
```

menusテーブルが
削除される

 Point

🖊 テーブルを作成するときは、「CREATE TABLE」文を使う

🖊 テーブルを削除するときは、「DROP TABLE」文を使う

🖊 「SHOW TABLES」コマンドでテーブル一覧を確認できる

» レコードを追加する

レコード（行）の追加

　2-2ではテーブルの行にあたるものがレコードということを解説しました。このレコードをSQLを使ってテーブルに追加してみます。

　MySQLでは、テーブルにレコードを追加するときは「INSERT INTO」文を使います。データを追加したいテーブル名や、それぞれのカラム名とそこに入れたい値を指定します。

　図3-14の例では、「menus」テーブルに、idが「1」で nameが「カレー」のレコードを追加しています。同様にして、その後は idが「2」でnameが「シチュー」のレコードを追加していくといったように、テーブルにどんどんデータを貯めていくことができます。

データ型に注意

　レコードを追加する際には、**カラムのデータ型に合わせた値を指定する**必要があります。データ型については**4-1**で詳しく解説しますが、例えばidカラムが数値型であれば、そのカラムに入れる値は数値以外を入れることはできません（図3-15）。

　データベース管理システムの種類によって挙動は違いますが、割り当てられている型と異なる値を保存しようとするとエラーになったり、そのカラムのデータ型に合わせたフォーマットに直して保存されたりすることもあります。

　例えば数値型カラムにあえて文字列を入れようとしてみると、MySQLの場合は自動的にidカラムの値は「0」が挿入された状態になります。また、文字列型のカラムに数値の1を入れてみると、自動的に文字列として「1」が保存されます。同じ「1」でも、データ上で文字列と数値は区別されます（コマンド上でも「1」は数値ですが、「'1'」は文字列として区別して扱われます）。

図3-14 新しいレコードの挿入

コマンド

```
INSERT INTO menus (id, name) VALUES (1, 'カレー');
```

menus テーブル

id	name
1	カレー

◀ 新しいレコードを挿入

図3-15 カラムのデータ型に合わない値は入れられない

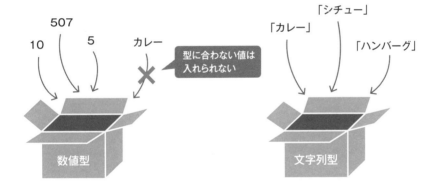

507

10　　5　　カレー

型に合わない値は
入れられない

「シチュー」

「カレー」

「ハンバーグ」

数値型　　　　　　　　　　　文字列型

Point

🖉 テーブルにレコードを追加するときは、「INSERT INTO」文を使う

🖉 レコードを追加する際には、カラムのデータ型に合わせた値を指定する
　必要がある

» レコードを取得する

レコードの取得

　ユーザー情報を保存しているテーブルから連絡先を確認したいときや、スケジュールを保存しているテーブルから今日の予定を確認したいときは、テーブルに保存されているデータを取得する必要があります。そのような場合に、**テーブルに保存されているレコードを、さまざまな形で取得して目的のデータを確認する**ことができます。

　テーブルに保存されているレコードを取得するときは、「SELECT」文を使い、取得対象のテーブルの名前を指定します。

　図3-16は「menus」テーブルからデータを取得する例です。コマンドを実行すると、テーブルに保存されているすべてのデータを取得することができます。

指定したカラムの値だけを見る

　図3-16のように「SELECT」の後ろに「*」を指定した場合は、テーブルからすべてのカラムの値が確認できます。一方「*」の代わりにカラム名を指定すると、指定したカラムの値だけを見ることができます。

　例えば図3-17のように「SELECT」の後ろに「name」と指定すると、「name」カラムの値のみを取得することができます。

複数のカラムを指定する

　カラム名は「,」で区切って複数指定することができます。

　図3-17のように、「name」のところを「name, category」のように置き換えると、「name」と「category」カラムの値を取得することができます。このようにして、**データベースではすぐに目的のデータが取り出せるように、さまざまなパターンで値を取得することができる**ようになっています。

図3-16　　　テーブルからデータを取得した結果例

コマンド

```
SELECT * FROM menus;
```

保存されているレコードを取得

menus テーブル

name	category
ハンバーグ	洋食
肉じゃが	和食
オムライス	洋食

図3-17　　　カラムを指定した場合の結果例

コマンド

```
SELECT name FROM menus;
```

menus テーブル

name	category
ハンバーグ	洋食
肉じゃが	和食
オムライス	洋食

「name」カラムの値のみを取得

Point

- テーブルに保存されているレコードを取得するときは、「SELECT」文を使う
- 「SELECT」の後ろに「*」を指定した場合はすべてのカラムの値、カラム名を指定した場合は指定したカラムの値だけを取得できる

条件に一致するレコードを絞り込む

検索条件の指定

3-7の方法ではテーブルのすべてのレコードを取得することができました。データの件数が少ない場合はそれで問題ないですが、1つのテーブルに数千・数万ものレコードが登録されていると、目的のデータを見つけるのが大変です。その場合は「WHERE」を使って**条件に一致するレコードを絞り込む**ことができます。

あるカラムに保存されている値が指定した値に一致しているレコードのみを取得する場合は「=」を検索条件に使います。例えば「users」テーブルから「age」カラムの値が「21」のデータを検索したい場合は「WHERE」の後に「age = 21」という条件を指定します（図3-18）。

複数の検索条件に一致しているレコードを取得する

複数の検索条件を指定するときは、「AND」を使います。「users」テーブルから「name」カラムの値が「山田」、「age」カラムの値が「21」のデータを検索したい場合は「name = '山田'」と「age = 21」の条件を「AND」でつなげます（図3-19）。

また、複数の検索条件のどれかに一致するデータを検索するには「OR」を使います。例えば「users」テーブルから「name」カラムの値が「佐藤」もしくは「鈴木」のデータを検索したい場合は図3-20のように、「name = '佐藤'」と「name = '鈴木'」の条件を「OR」でつなげています。

より複雑な検索条件の指定方法

「AND」と「OR」を組み合わせると、より複雑な条件も指定できます。例えば「WHERE」の後に「age = 32 AND (name = '佐藤' OR name = '鈴木')」と指定することで、「age」カラムの値が「32」で、「name」カラムの値が「佐藤」もしくは「鈴木」が検索できます（図3-20）。

| 図3-18 | 検索条件の指定 |

コマンド

```
SELECT * FROM users WHERE age = 21;
```

name	age
山田	21
佐藤	36
鈴木	30
山本	18

「age」が「21」に
該当するレコードを取得

| 図3-19 | 複数の検索条件を指定した場合（AND） |

コマンド

```
SELECT * FROM users WHERE name = '山田' AND age = 21;
```

name	age
山田	21
佐藤	36
鈴木	30
山本	18

「name」が「山田」で
「age」が「21」に
該当するレコードを取得

| 図3-20 | 複数の検索条件を指定した場合（OR） |

コマンド

```
SELECT * FROM users WHERE name = '佐藤' OR name = '鈴木';
```

name	age
山田	21
佐藤	36
鈴木	30
山本	18

「name」が「佐藤」か
「name」が「鈴木」に
該当するレコードを取得

Point

- 条件に一致するレコードを絞り込むときは、「WHERE」を使う
- 指定した値に一致しているレコードのみを取得する場合は、検索条件に「=」を使う
- 複数の検索条件を指定するときは「AND」、どれかの検索条件に一致するデータを検索するには「OR」を使う

検索に用いる記号①
～一致しない値、値の範囲指定～

検索条件でよく使う演算子

　検索に用いる記号のことを演算子と呼びます。**3-8**では演算子の1つである「=」を使って条件指定を行いましたが、他にもさまざまなバリエーションがあり、ここでは検索条件でよく使う演算子を紹介します。

指定した値に一致していない（!=）

　3-8で紹介した「=」を「!=」に置き換えると、**ある値と等しくないデータを検索する**ことができます。例えば「age != 21」とすると、「age」カラムの値が「21」ではないデータを検索します。

ある値より大きいか、小さいか（>, <, >=, <=）

　検索条件に「>」を使うと、保存されている値が**ある値よりも大きいデータを検索する**ことができます。
　図3-21は「age」カラムの値が30よりも大きいデータ（30は含まない）を検索している例です。「>」の代わりに「>=」を使うと、30以上（30も含める）を検索することもできます。
　同様にして「<」を使うと指定した値よりも小さい条件、「<=」を使うと指定した値以下の条件を指定することができます。

ある値の範囲に含まれているか（BETWEEN）

　「BETWEEN」を使うと、**ある2つの値の範囲に含まれているデータを検索する**ことができ、図3-22では「age」カラムの値が21以上、25以下のデータを検索しています。
　また、「BETWEEN」を「NOT BETWEEN」に置き換えると、「age」カラムの値が21以上、25以下に当てはまらないデータを検索することもできます。

図3-21	「>」を使ったデータの取得

コマンド

```
SELECT * FROM users WHERE age > 30;
```

name	age
山田	21
佐藤	36
鈴木	30
山本	18

「age」が「30」よりも
大きいレコードを取得

図3-22	「BETWEEN」を使ったデータの取得

コマンド

```
SELECT * FROM users WHERE age BETWEEN 21 AND 25;
```

name	age
山田	21
佐藤	36
鈴木	30
山本	18

「age」が「21 〜 25」の範囲に
含まれるレコードを取得

Point

- 指定した値に一致していないレコードを取得する場合は、検索条件に「!=」を使う
- ある値より大きいか、小さいかを検索条件で表すときは、「>」「<」「>=」「<=」を使う
- ある値の範囲に含まれているかを検索条件で表すときは、「BETWEEN」を使う

》検索に用いる記号② ～値を含むデータ、空のデータを検索～

いずれかの値が含まれているか（IN）

「IN」を使うと、**指定したいずれかの値が含まれているデータを検索する**ことができます。図3-23の例では「age」カラムの値が21か30のデータを検索しています。

また、「IN」を「NOT IN」に置き換えると、「age」カラムの値が21か30に当てはまらないデータを検索することもできます。

ある文字が含まれているか（LIKE）

「LIKE」を使うと、**指定した文字が含まれているデータを検索する**ことができます。図3-24の例では、「name」カラムの値の先頭に「山」がついているデータを検索しています。また、「LIKE」を「NOT LIKE」に置き換えると、「name」カラムの値の先頭に「山」がついていないデータを検索することもできます。

検索に使っている「%」は0文字以上の文字列を表しています。そのため「山%」の代わりに「%山」とすると末尾に「山」がついているデータを検索できたり、「%山%」とすると「山」が含まれているデータを検索したりすることも可能です。「%」の他に1文字の文字列を表す「_」もあります。

NULLかどうか（IS NULL）

値がないフィールドは「NULL」で表現されます（**4-8**参照）。「IS NULL」を使うと、この**「NULL」のデータを検索する**ことができます。図3-25の例では「age」カラムの値が NULL のデータを検索しています。

また、「IS NULL」を「IS NOT NULL」に置き換えると、「age」カラムの値が「NULL」でないデータを検索することもできます。

図3-23	「IN」を使ったデータの取得

コマンド

```
SELECT * FROM users WHERE age IN (21, 30);
```

name	age
山田	21
佐藤	36
鈴木	30
山本	18

「age」が「21」か「30」に
一致しているレコードを取得

図3-24	「LIKE」を使ったデータの取得

コマンド

```
SELECT * FROM users WHERE name LIKE '山%';
```

name	age
山田	21
佐藤	36
鈴木	30
山本	18

「name」が「山」から始まる
レコードを取得

図3-25	「IS NULL」を使ったデータの取得

コマンド

```
SELECT * FROM users WHERE age IS NULL;
```

name	age
山田	21
佐藤	36
鈴木	NULL
山本	18

「age」が「NULL」の
レコードを取得

Point

🖊 いずれかの値が含まれているかを検索条件で表すときは、「IN」を使う
🖊 ある文字が含まれているかを検索条件で表すときは、「LIKE」を使う
🖊 「NULL」かどうかを検索条件で表すときは、「IS NULL」を使う

» データを更新する

レコードの更新

　テーブルに保存されているレコードは**後から違う内容に編集する**ことができます。例えばユーザーの連絡先が変わったときに、ユーザー情報を保存しているテーブルの情報を変更したいときや、間違えて登録してしまったデータを後から修正したいときは、テーブルに保存されているデータを更新します。

レコードを更新するコマンド

　テーブルに保存されているレコードを更新するときは、「UPDATE」文を使います。更新対象のテーブル名やカラム名、更新後の値、更新したいレコードの条件を指定して使います。

　図3-26は「menus」テーブルで「id」カラムの値が「1」に一致するデータを更新する例で、「name」カラムの値を「シチュー」に変更しています。このように「SET」の後ろに更新対象のカラムと変更後の値を指定します。更新後の値を指定するときは、「id = 2, name = 'シチュー'」のようにカンマ (,) で区切って複数のカラム名と値を指定することもできます。

検索条件を組み合わせる

　「UPDATE」文は、**3-8**で解説した「WHERE」を組み合わせて更新対象のレコードを指定することが多いです。上の例では「id」カラムが「1」のレコードを更新対象として指定しましたが、他にも演算子を使って、さまざまな検索条件を更新対象として指定することができます。

　図3-27は「users」テーブルで「age」カラムの値が「30」以上のレコードの「status」カラムの値を「1」に更新する例です。他にも「WHERE」の後ろにつける条件を「name LIKE '山%'」とすると、「name」カラムの値の先頭に「山」がついているデータのみ更新することができます。

> 図3-26　　　　　　　　　　　**レコードの更新**

コマンド

```
UPDATE menus SET name = 'シチュー' WHERE id = 1;
```

menus テーブル

id	name
1	カレー → シチュー
2	ハンバーグ
3	ラーメン
4	サンドイッチ

「id」が「1」の
レコードを更新

> 図3-27　　　　　**「>=」と組み合わせたレコードの更新**

コマンド

```
UPDATE users SET status = 1 WHERE age >= 30;
```

users テーブル

name	age	status
山田	21	0
佐藤	36	0 → 1
鈴木	30	0 → 1
山本	18	0

「age」が「30」以上の
レコードを更新

Point

- テーブルに保存されているレコードを更新するときは、「UPDATE」文を使う
- 「UPDATE」文は、「WHERE」と組み合わせて更新する対象のレコードを指定することが多い

» データを削除する

レコードの削除

例えば退会したユーザーの情報を消したいときや、間違えて登録してしまったデータを後から削除したい場合、**テーブルに保存されているレコードは必要に応じて削除する**ことができます。

テーブルに保存されているレコードを削除するときは、「DELETE」文を使い、削除対象のテーブル名や、削除したいレコードの条件を指定します。

図3-28は「menus」テーブルで「id」カラムの値が「1」に一致するデータを削除する例です。

検索条件を組み合わせる

「DELETE」文は「UPDATE」文と同様に、**3-8**で解説した「WHERE」を組み合わせて削除対象のレコードを指定することが多いです。上の例では「id」カラムが「1」のレコードを更新対象として指定しましたが、他にも前の項で紹介した演算子を使って、さまざまな検索条件を更新対象として指定することができます。

図3-29は「users」テーブルで「age」カラムの値が「21」に一致しないデータを削除する例です。他にも「WHERE」の後ろにつける条件を「age IN (21, 25)」とすると、「name」カラムの値が「21」か「25」に一致しているデータのみを削除するといったことができます。

「DELETE」を使うときの注意

「DELETE」文を使う際、「WHERE」を使って削除対象の条件を指定せずに実行すると、**テーブルのすべてのレコードが削除される**ので注意しましょう。最初に「SELECT」文で削除対象のデータを取得し、そこから「DELETE」文に書き換えるようにすると、不用意な事故を防ぐことができます。

図3-28   レコードの削除

コマンド

```
DELETE FROM menus WHERE id = 1;
```

menus テーブル

id	name
~~1~~	~~カレ~~
2	ハンバーグ
3	ラーメン
4	サンドイッチ

「id」が「1」の
レコードを削除

図3-29   「!=」と組み合わせたレコードの削除

コマンド

```
DELETE FROM users WHERE age != 21;
```

users テーブル

name	age
山田	21
~~佐藤~~	~~36~~
~~鈴木~~	~~30~~
~~山本~~	~~18~~

「age」が「21」ではない
レコードを削除

Point

✍ テーブルに保存されているレコードを削除するときは、「DELETE」文を使う

✍ 「DELETE」文は、「WHERE」と組み合わせて削除する対象のレコードを指定することが多い

» データを並べ替える

レコードの並べ替え

　テーブルに保存されているレコードは、**保存されている値の順に並べ替えて取得する**ことができます。

　例えばユーザーの情報が登録されているテーブルのレコードを年齢順に並べ替えたり、スケジュール情報を登録しているテーブルのレコードを予定日の順番に並べ替えて取得するといったことができます。

レコードを昇順、降順で並べ替える

　テーブルに保存されているレコードを並べ替えて取得するときは、「ORDER BY」を使います。「ORDER BY」の後ろにカラム名を指定すると、そのカラム名の値の昇順（小さい順）で並べ替えできます。

　図3-30は「users」テーブルのレコードを「age」カラムの値の昇順で並べ替える例です。これで年齢の小さいユーザー順にデータを取得することができました。

　「ORDER BY」で指定したカラム名の後ろに「DESC」をつけると、レコードを指定したカラムの値の降順（大きい順）で並べ替えできます。

　図3-31は「users」テーブルのレコードを「age」カラムの値の降順で並べ替える例です。これで年齢の大きいユーザー順にデータを取得することができました。

「WHERE」を組み合わせた例

　3-8で紹介した「WHERE」と組み合わせることもできます。「WHERE age >= 30 ORDER BY age」のようにすると、「age」カラムの値が「30」以上の条件に当てはまるレコードのみを昇順に並べ替えて取得することができます。このようにして**指定した条件に一致したデータを対象にして、並べ替えた状態で取得する**といったこともできます。

図3-30　　　　　　　　　　　昇順で並べ替え

コマンド

```
SELECT * FROM users ORDER BY age;
```

「age」を小さい順に並べ替え

users テーブル

name	age
山田	21
佐藤	36
鈴木	30
山本	18

コマンドの実行結果

name	age
山本	18
山田	21
鈴木	30
佐藤	36

図3-31　　　　　　　　　　　降順で並べ替え

コマンド

```
SELECT * FROM users ORDER BY age DESC;
```

「age」を大きい順に並べ替え

users テーブル

name	age
山田	21
佐藤	36
鈴木	30
山本	18

コマンドの実行結果

name	age
佐藤	36
鈴木	30
山田	21
山本	18

Point

- テーブルに保存されているレコードを並べ替えて取得するときは、「ORDER BY」を使う
- 昇順で並べ替える場合は「ORDER BY カラム名」、降順で並べ替える場合は「ORDER BY カラム名 DESC」のように書く

» 取得するデータの数を指定する

取得するレコード数の指定

3-7で紹介した「SELECT」文でテーブルからレコードを取得するとき
は、**通常すべての対象のレコードが取得**されます。これだと想定よりも大
量のデータを取得することになってしまったり、最初のデータだけしか必
要ない場合に余分なデータまで取得することになってしまったりします。

「LIMIT」を使うことで、**取得するレコードの上限を決めて、それ以上
のデータが取得されないようにする**ことができます。

図3-32は「users」テーブルから先頭の2件のレコードを取得する例で
す。「LIMIT」の後ろに指定した数字の分だけレコードが取得されます。

「ORDER BY」を組み合わせた例

「LIMIT」は、**3-13**で紹介した「ORDER BY」と組み合わせて使うこと
が多いです。「ORDER BY」と組み合わせると、売上が大きい順に並べ替
えて先頭の10件の商品を取得したり、新しく追加された商品を5件取得
したりするなどといったことができます。

例えば「ORDER BY age LIMIT 3」のようにすると、「age」カラムの値
を小さい順に並べ替えて、そこから3件のレコードを取得できます。

取得開始の位置を指定する

「LIMIT」は「OFFSET」と組み合わせて使うこともあります。「OFFSET」
は、**取得開始の位置を指定する**ことができ、図3-33の例では「users」テー
ブルの3行目から1件のデータを取得しています。「OFFSET」で指定す
る数は「0」を起点とし、「0」を指定すると1行目から、「1」を指定する
と2行目から取得するといった具合になります。

これで先頭のレコードだけでなく、11～20番目というように、**途中の
データを何件か抽出する**ことも可能になります。

図3-32 取得するレコード数の指定

コマンド

```
SELECT * FROM users LIMIT 2;
```

users テーブル

name	age
山田	21
佐藤	36
鈴木	30
山本	18

→ 先頭の2件のレコードを取得

図3-33 取得開始の位置を指定

コマンド

```
SELECT * FROM users LIMIT 1 OFFSET 2;
```

↑
0が起点なので、
「0」は1行目、「1」は2行目
「2」は3行目を表す

users テーブル

name	age
山田	21
佐藤	36
鈴木	30
山本	18

→ 3行目から1件のレコードを取得

Point

- テーブルから取得するレコードの数を指定するときは、「LIMIT」を使う
- 「OFFSET」を組み合わせることで、取得開始の位置も指定することができる

» データの数を取得する

レコード数のカウント

　ユーザー情報が保存されているテーブルから登録されているユーザーが何人いるか、図書館の本のテーブルから所蔵されている本の総数、スケジュール情報が登録されているテーブルからタスク数を確認する場合、**テーブルに保存されているレコードの数をカウントして、その値を取得する**ことができます。

　テーブルに保存されているレコード数を取得するには、COUNT関数を使います。図3-34は「users」テーブルからレコードの数を取得する例です。「SELECT」の後ろに「COUNT(*)」を入れると、該当するレコード数が取得でき、今回の例では「4」という結果が返ってきます。

「WHERE」を組み合わせた例

　レコード数をカウントするときに、**3-8**で紹介した「WHERE」と組み合わせることもできます。

　図3-35の例では、「users」テーブルの「age」カラムの値が「30」以上の条件に当てはまるレコード数を取得しています。この他にも男性の人数や女性の人数をカウントしたり、本の情報を保存しているテーブルから発売日を検索条件に使って、今日新しく発売された本の数を取得したりと、さまざまな使い方ができます。

データがないレコードを除外してカウントする

　値がないフィールドはNULLで表現されます（**4-8**参照）が、NULLのデータを除外してカウントすることもできます。

　「SELECT」の後ろを「COUNT(age)」と指定すると、「age」カラムの値がNULLのデータを除外してカウントすることができます。

図3-34　　　　　　　　　　　**レコード数の取得**

コマンド

```
SELECT COUNT(*) FROM users;
```

users テーブル

name	age
山田	21
佐藤	36
鈴木	30
山本	18

レコード数は4件

図3-35　　　　　　　　　　**条件に一致するレコード数の取得**

コマンド

```
SELECT COUNT(*) FROM users WHERE age >= 30;
```

users テーブル

name	age
山田	21
佐藤	36
鈴木	30
山本	18

条件に一致するレコード数は2件

Point

🖋 テーブルに保存されているレコードの数を取得するには、COUNT関数を使う

🖋 指定したカラムにデータがないレコードを除外してカウントする場合は「COUNT(カラム名)」のように書く

》 データの最大値・最小値を 取得する

関数を使って最大値や最小値を取得する

　あるカラムに保存されている値の最大値や最小値を取得することができます。例えば 2, 7, 8, 3 の中で最も大きな数値は8で、最も小さな数は2です。これらをコマンドを使って取得することができます。関数を使うことで、データが大量にある場合でもテーブルに保存されているデータからすぐに最大値や最小値を取得することが可能です。

MAX関数とMIN関数

　最大値を取得するにはMAX関数を使います。「SELECT」の後ろに「MAX(カラム名)」を入れると、**そのカラムに保存されている値の最大値が取得**できます。図3-36は、「users」テーブルから「age」カラムの値の最大値を取得する例です。「age」カラムには 21, 36, 30, 18 が保存されているので、コマンドを実行すると「36」が返ってきます。

　最小値を取得するには、MIN関数を使います。「SELECT」の後ろに「MIN(カラム名)」を入れると、**そのカラムに保存されている値の最小値が取得**できます。図3-37は、「users」テーブルから「age」カラムの値の最小値を取得する例です。「age」カラムには21, 36, 30, 18 が保存されているので、コマンドを実行すると「18」が返ってきます。

「WHERE」を組み合わせた例

　図3-36で示したコマンドに「WHERE name LIKE '山%'」のようにして検索条件を加えると、「users」テーブルの「name」カラムの値の先頭に「山」がついているレコードの中から、「age」カラムの値の最大値を取得できます。今回の場合だと、先頭に「山」がついている対象のレコードは「山田（age: 21）」と「山本（age: 18）」なので、その中で「age」カラムの値が最も大きい「21」が答えとして返ってきます。

図3-36　　　　　　　　　　　最大値の取得

コマンド

```
SELECT MAX(age) FROM users;
```

users テーブル

name	age
山田	21
佐藤	36
鈴木	30
山本	18

最大値は「36」

図3-37　　　　　　　　　　　最小値の取得

コマンド

```
SELECT MIN(age) FROM users;
```

users テーブル

name	age
山田	21
佐藤	36
鈴木	30
山本	18

最小値は「18」

Point

✎ 指定したカラムの値の最大値を取得するには、MAX関数を使う
✎ 指定したカラムの値の最小値を取得するには、MIN関数を使う

» データの合計値・平均値を取得する

関数を使って合計値や平均値を取得する

あるカラムに保存されている値の合計値や平均値を取得することができます。例えば 2, 7, 8, 3 の合計値は20で、平均値は5です。これらをコマンドを使って取得することができます。関数を使うことで、データが大量にある場合でもテーブルに保存されているデータから簡単に合計値や平均値を取得できます。

SUM関数とAVG関数

合計値を取得するにはSUM関数を使います。「SELECT」の後ろに「SUM(カラム名)」を入れると、**そのカラムに保存されている値の合計値が取得**できます。図3-38は、「users」テーブルから「age」カラムの値の合計値を取得する例です。「age」カラムには 21, 36, 30, 18 が保存されているので、コマンドを実行すると、「105」が返ってきます。

平均値を取得するにはAVG関数を使います。「SELECT」の後ろに「AVG(カラム名)」を入れると、**そのカラムに保存されている値の平均値が取得**できます。図3-39は、「users」テーブルから「age」カラムの値の平均値を取得する例です。「age」カラムには 21, 36, 30, 18 が保存されているので、コマンドを実行すると、「26.25」が返ってきます。

「WHERE」を組み合わせた例

図3-38で示したコマンドに「WHERE name LIKE '山%'」のようにして検索条件を加えると、「users」テーブルの「name」カラムの値の先頭に「山」が付いているレコードを先頭にして、「age」カラムの値の合計値を取得できます。今回の場合だと、先頭に「山」が付いている対象のレコードは「山田（age: 21）」と「山本（age: 18）」なので、それらの「age」カラムの値が合計である「39」が答えとして返ってきます。

図3-38　　　　　　　　　　　　　**合計値の取得**

コマンド

```
SELECT SUM(age) FROM users;
```

users テーブル

name	age
山田	21
佐藤	36
鈴木	30
山本	18

合計値は「105」

図3-39　　　　　　　　　　　　　**平均値の取得**

コマンド

```
SELECT AVG(age) FROM users;
```

users テーブル

name	age
山田	21
佐藤	36
鈴木	30
山本	18

平均値は「26.25」

Point

〃指定したカラムの値の合計値を取得するには、SUM関数を使う
〃指定したカラムの値の平均値を取得するには、AVG関数を使う

» レコードをグループ化する

レコードをグループにして取得する

　テーブルに保存されているカラムの値が同じレコードをグループにして、まとめて出力することができます。本の情報が保存されているテーブルを例にすると、カテゴリごとにグループ化することで、重複を除いたカテゴリ一覧が取得でき、さらにカテゴリごとの本の数を集計するといったことが可能です。また、登録日ごとにグループにすれば、日付ごとの入荷点数を集計するといったこともできます。

　レコードをグループ化するには「GROUP BY」を使います。図3-40は「users」テーブルの「gender」カラムでグループ化する例です。このように「GROUP BY」の後ろにグループ化したいカラム名を指定します。また、「SELECT」でグループ化したカラムである「gender」を指定しているので、結果は「man」と「woman」の2つが返ってきます。「man」のレコードはテーブルに3件登録されていますが、グループ化しているので、結果表示では重複した値は1つの行でまとめて取得されます。

グループごとのレコード数を取得する

　3-15で紹介した「COUNT」関数を使って、グループごとのレコード数を取得することができます。図3-41は「users」テーブルの「gender」カラムでグループ化し、グループごとのレコードの数を取得する例です。実行結果は、「SELECT」で指定した「gender」カラムの値と、「COUNT(*)」によってレコード数の値が表示されます。今回は「man」のレコードが3件、「woman」のレコードが1件という結果が取得できます。また、「COUNT」関数の代わりに、「MAX」関数や「MIN」関数（**3-16**）、「SUM」関数や「AVG」関数（**3-17**）も同様にして使うことができます。

　カンマ（,）で区切ることで、複数のカラムを指定したグループ化が可能です。例えば「GROUP BY gender, age」と指定すると、「gender」と「age」カラムの値が両方一致しているレコードでグループ化ができます。

図3-40　　　　　　　レコードのグループ化

コマンド

```
SELECT gender FROM users GROUP BY gender;
```

users テーブル

name	gender	age
山田	man	21
佐藤	man	36
鈴木	woman	30
山本	man	18

「man」と「woman」をグループにまとめる

図3-41　　　　　グループごとのレコード数の取得

コマンド

```
SELECT gender, COUNT(*) FROM users GROUP BY gender;
```

users テーブル

name	gender	age
山田	man	21
佐藤	man	36
鈴木	woman	30
山本	man	18

「man」のレコードは3件
「woman」のレコードは1件

Point

✐ カラムの値が同じレコードをグループ化するには、「GROUP BY」を使う
✐ 関数を組み合わせることで、グループごとのレコード数、最大値、最小値、合計値、平均値などを抽出することができる

第3章　レコードをグループ化する

83

≫ グループ化したデータに絞り込み条件を指定する

グループ化した結果の絞り込み

　3-18で紹介した「GROUP BY」でグループ化した結果に対して、さらに絞り込み条件を指定することができます。例えば本の情報が保存されたテーブルから、レコードを登録日ごとにグループ化して、日付ごとに入荷した本の点数を集計することができますが、さらに条件を加えて指定した日付に該当する結果のみを抽出するといったことが可能です。このように**グループ化した後の結果から、必要なデータだけに絞って取得する**ことができます。

　絞り込み条件の追加には「HAVING」を使います。図3-42は「users」テーブルの「gender」カラムでグループ化してグループごとのレコード数を集計し、そこからレコード数が3以上の結果のみを絞り込んでいる例です。「HAVING」の後ろにグループ化で集計した結果の絞り込み条件を追加したので、最終的に「man」のレコードが3件という結果のみを取得しています。

「WHERE」と「HAVING」の違い

　「WHERE」と「HAVING」は、検索条件を指定するという意味では使い方が似ていますが、実行される順番に違いがあります。**「WHERE」で指定した条件はグループ化の前に実行されるのに対し、「HAVING」で指定した条件はグループ化の後に実行**されます。ユーザー情報が保存されているテーブルから、男性ユーザーが3人以上登録されている年齢を集計したい場合、図3-43のようなコマンドになります。処理の順番は以下の通りです。

❶「WHERE」を使って「男性」のレコードのみを抽出
❷「GROUP BY」と「COUNT(*)」で年齢ごとのグループ化と集計
❸「HAVING」でレコード数が3件以上ある年齢のデータのみを抽出

図3-42　　グループ化した結果の絞り込み

コマンド

```
SELECT gender, COUNT(*) FROM users GROUP BY gender HAVING COUNT(*) >= 3;
```

users テーブル

name	gender	age
山田	man	21
佐藤	man	36
鈴木	woman	30
山田	man	18

GROUP BY で
グループ化した結果　　→　「man」のレコードは3件
　　　　　　　　　　　　　「woman」のレコードは1件

HAVING で
絞り込んだ結果　　→　「man」のレコードは3件

図3-43　　「WHERE」と「HAVING」の実行順

コマンド

```
SELECT age, COUNT(*) FROM users WHERE gender = 'man' GROUP BY age HAVING COUNT(*) >= 3;
```

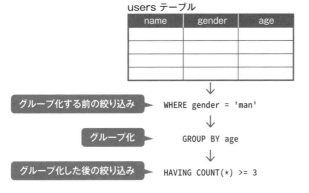

users テーブル

name	gender	age

↓

グループ化する前の絞り込み　←　WHERE gender = 'man'

↓

グループ化　←　GROUP BY age

↓

グループ化した後の絞り込み　←　HAVING COUNT(*) >= 3

Point

- グループ化した結果に対して さらに絞り込み条件を指定するときは、「HAVING」を使う
- 「WHERE」で指定した条件は「GROUP BY」の前に実行されるのに対し、「HAVING」で指定した条件は「GROUP BY」の後に実行される

85

テーブルを結合して
データを取得する

テーブル結合に必要な要素

2-3で解説しましたが、2つ以上のテーブルを結合して まとめてデータを取得することをテーブル結合と呼びます。ここでは実際に、コマンドを使ってテーブル結合するにあたっての必要な知識を解説していきます。

コマンドを使ってのテーブル結合は、結合元となるテーブルに、結合先となるテーブルをくっつけるイメージです。その際、結合元と結合先それぞれのテーブル名と、2つのテーブル同士で共通のキーとなる値を格納しておくカラムの名前が必要です（図3-44）。そしてコマンドの中で「JOIN」を用いてこれらの要素を指定することで、テーブル結合が実現できます。

例えば図書館のデータベースを例に考えてみましょう。図3-45のような「貸し出し日」と「本のID」が保存されている貸し出し履歴テーブルがあったとします。このテーブルだけだと本のタイトルやジャンルはわかりません。そのため本の情報テーブルと結合してまとめてデータを取得したくなりました。その場合は、結合元となる貸し出し履歴テーブルに、結合先として本の情報テーブルをくっつけて取得します。このとき結合に必要な要素として以下が挙げられます。

- 結合元のテーブル名: 貸し出し履歴／結合元のカラム名: 本のID
- 結合先のテーブル名: 本の情報／結合先のカラム名: ID

テーブル結合の種類

テーブルの結合の種類には、内部結合と外部結合があります。

内部結合は、テーブル同士でキーとなるカラムの値が一致するデータのみを結合して取得する方法で、詳しくは**3-21**で解説します。

外部結合は、テーブル同士でキーとなるカフムの値が一致するデータを結合し、それに加えてもととなるテーブルにしか存在しないデータも取得する方法で、詳しくは**3-22**で解説します。

図 3-44 テーブル結合に必要な要素

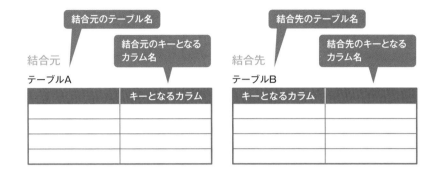

図 3-45 テーブル結合に必要な要素の例

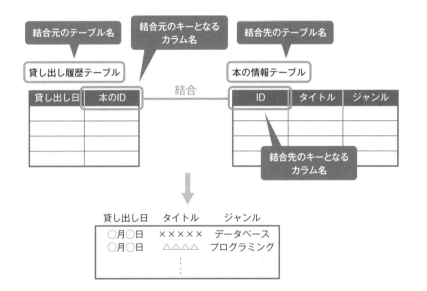

Point

✐ テーブル結合を行うときは、結合元と結合先それぞれのテーブル名と、キーとなるカラムの名前が必要

✐ コマンドの中で「JOIN」を用いてテーブル結合を行う

値が一致するデータを取得する

値が一致するレコードのみを取得

キーとなるカラムの値がテーブル間で一致するレコードのみを結合して取得する方法を内部結合と呼びます。図3-46は、商品を購入したユーザー一覧が保存されている「users」テーブルと商品情報が保存されている「items」テーブルを内部結合する例です。2つのテーブルには「商品ID」という共通のカラムが設けられています。商品IDが「2」と「3」のレコードは両方のテーブルに存在しているので、内部結合を行うと、それぞれのレコードが組み合わされて出力できます。

このとき「users」テーブルにある「商品ID」が「5」（ユーザー名：山本）のレコードは、「items」テーブルの「商品ID」カラムの値に存在しないので結果には表示されません。同様に「items」テーブルにある「商品ID」が「1」（商品名：パン）や「4」（商品名：卵）のレコードも「users」テーブルの「商品ID」カラムの値に存在しないので、結果には表示されません。

内部結合を行うコマンド

内部結合を行うときは、「INNER JOIN」を使います。図3-47は、「users」テーブルと「items」テーブルを内部結合するコマンドの例です。「INNER JOIN」の後ろに結合先のテーブル名、「ON」の後ろに結合のキーとなるカラム名を「結合元のカラム名 = 結合先のカラム名」という形で指定します。このとき、カラム名は「テーブル名.カラム名」のように指定します。

今回の場合は「INNER JOIN」の後ろに指定している「items」が結合先のテーブル名となります。そして「ON」の後ろに「users.item_id = items.id」のように指定しているので、「users」テーブルの「item_id」カラムと「items」テーブルの「id」カラムをキーにして結合しているということになります。

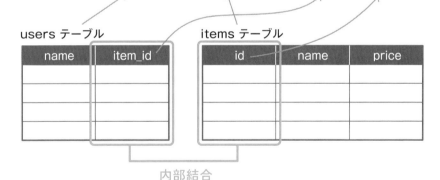

図3-46　**テーブルの内部結合**

users テーブル

ユーザー名	商品ID
山田	2
佐藤	3
鈴木	2
山本	5

items テーブル

商品ID	商品名	価格
1	パン	100
2	牛乳	200
3	チーズ	150
4	卵	100

内部結合

ユーザー名	商品名	価格
山田	牛乳	200
佐藤	チーズ	150
鈴木	牛乳	200

図3-47　**内部結合の例**

コマンド

```
SELECT * FROM users INNER JOIN items ON users.item_id = items.id;
```

users テーブル

name	item_id

items テーブル

id	name	price

内部結合

Point

- キーとなるカラムの値が一致するデータのみを結合して取得する方法を「内部結合」と呼ぶ
- 内部結合を行うときは、「INNER JOIN」を使う

» 基準になるデータと、それに 一致するデータを取得する

結合元のデータと、値が一致する結合先のデータを取得

　結合元のテーブルのデータと、それに加えてキーとなるカラムの値が一致する結合先のデータを結合して取得する方法を外部結合と呼びます。図3-48は、商品を購入したユーザー一覧が保存されている「users」テーブルと商品情報が保存されている「items」テーブルを外部結合する例です。2つのテーブルには「商品ID」という共通のカラムが設けられており、商品IDが「2」と「3」のレコードは両方のテーブルに存在しているので、外部結合を行うと、それぞれのレコードが組み合わされて出力されます。

　このとき結合元となる「users」テーブルにある「商品ID」が「5」（ユーザー名：山本）のレコードも結果に表示されます。ただし対応するレコードが「items」テーブルにないので、商品名と価格の値はありません。また、結合先の「items」テーブルにある「商品ID」が「1」（商品名：パン）や「4」（商品名：卵）のレコードは、「users」テーブルの「商品ID」カラムの値に存在しないので、結果には表示されません。

外部結合を行うコマンド

　外部結合を行うときは、「LEFT JOIN」を使います。図3-49は、「users」テーブルと「items」テーブルを外部結合するコマンドの例です。「LEFT JOIN」の後ろに結合先のテーブル名、「ON」の後ろに結合のキーとなるカラム名を「結合元のカラム名 ＝ 結合先のカラム名」という形で指定し、カラム名は「テーブル名.カラム名」のように指定します。

　今回は「LEFT JOIN」の後ろに指定している「items」が結合先のテーブル名となります。そして「ON」の後ろに「users.item_id = items.id」のように指定しているので、「users」テーブルの「item_id」カラムと「items」テーブルの「id」カラムをキーにして結合しているということになります。ちなみに「LEFT JOIN」を「RIGHT JOIN」と書き換えると、結合元と結合先のテーブルを逆にすることができます。

図3-48 **テーブルの外部結合**

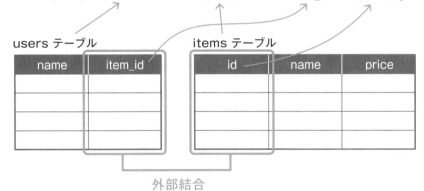

users テーブル

ユーザー名	商品ID
山田	2
佐藤	3
鈴木	2
山本	5

items テーブル

商品ID	商品名	価格
1	パン	100
2	牛乳	200
3	チーズ	150
4	卵	100

外部結合

ユーザー名	商品名	価格
山田	牛乳	200
佐藤	チーズ	150
鈴木	牛乳	200
山本	－	－

図3-49 **グループ結合の例**

コマンド

```
SELECT * FROM users LEFT JOIN items ON users.item_id = items.id;
```

users テーブル

name	item_id

items テーブル

id	name	price

外部結合

Point

　🖊 結合元のテーブルのデータと、それに加えてキーとなるカラムの値が一致する結合元のデータを結合して取得する方法を「外部結合」と呼ぶ

　🖊 外部結合を行うときは、「LEFT JOIN」（もしくは「RIGHT JOIN」）を使う

や っ て み よ う

SQLを書いてみよう

レコードを追加する

　usersテーブルに、以下のようにレコードを追加するSQLを書いてみましょう。また、追加したレコードを、SQLを使ってさまざまな条件で取得してみましょう。

usersテーブル

name	gender	age
山田	man	21
佐藤	man	36
鈴木	woman	30
山本	man	18

SQLの例

レコードを追加する

INSERT INTO users (name, gender, age) VALUES ('山田', 'man', 21);

「男性」のレコードを取得する

SELECT * FROM users WHERE gender = 'man';

年齢が30以上のレコード数を取得する

SELECT COUNT(*) FROM users WHERE age >= 30;

名前の先頭に「山」がつくレコードを、年齢が小さい順に取得する

SELECT * FROM users WHERE name LIKE '山%' ORDER BY age;

年齢が20未満のレコード数を削除する

DELETE FROM users WHERE age < 20;

データを管理する

～不正なデータを防ぐための機能～

» 保存できるデータの種類を指定する

データ型の指定

　3-5ではテーブルを作成するときにカラム（列）の名前と、そのデータ型を指定するという話をしました。テーブルのそれぞれのカラムには、必ずデータ型を決めておく必要があります（図4-1）。データ型を指定することで、**そのカラムに保存する値のフォーマットを揃える**ことができたり、値をどのように扱うか決めておいたりすることができます。

　データ型にはいくつか種類があり、大きく分類すると、

- 数値を扱う型
- 文字列を扱う型
- 日付、時間を扱う型

といったものがあります。具体的な型の種類はこの後紹介していきます。

データ型の役割

　例えば金額を保存するカラムに整数型を指定するとします。すると、そのカラムには必ず整数しか保存することができなくなり、小数や文字が代入されることがなくなります。

　また、整数型にしておくことで保存してある値を数値として取得することができるので、計算に用いることもできます。例えば**3-17**で紹介したSUM関数を使えば、売上の合計金額を取得することができます。さらに**3-9**で紹介したように値が300以上のレコードを検索することも可能になります。これは文字列の型だとできません。型によって値の扱い方も変わります（図4-2）。

　このように、保存できる値が制限され、取得するときの扱い方が変わるので、**カラムによって適切なデータ型を指定**しておくことが重要です。

図4-1　各カラムにデータ型を指定する

ユーザー名	年齢	誕生日

文字列型　整数型　日付型

図4-2　整数型を設定したカラムの例

整数型を設定したカラム

売れた商品情報テーブル

商品	金額
にんじん	150
じゃがいも	100
たまねぎ	80.5 ✕
なす	ABC ✕

合計金額は250

値を計算に使える

整数以外の値は入れられない

Point

- 各カラム（列）には、必ずデータ型を決めておく必要がある
- データ型を指定することで、そのカラムに保存する値のフォーマットを揃えることができたり、値をどのように扱うか決めておいたりすることができる

≫ 数値を扱うデータ型

数値を扱うデータ型の特徴

　数値を扱うデータ型を設定したカラムには、その名の通り数値のみを保存することができます。そのため、例えば商品の価格や個数、レコードのID、温度、確率などのカラムに数値型を設定しておくと、**誤って数値以外の文字列などの値が保存されることがなくなります。**

　また、保存した値は**3-9**で紹介したような「>」や「>=」、「<」、「<=」などの演算子を使うことで、レコードの取得時に「○○以上」や「○○以下」といった検索条件の指定に使うことができたり、**3-17**で紹介したようなSUM関数やAVG関数を使って合計値や平均値を計算したりといったことも可能です。

数値を扱うデータ型の種類

　データベース管理システムによってデータ型の種類に差はありますが、数値を扱うデータ型をおおまかに分類すると、整数を扱う型と小数を扱う型があります。

　整数を扱う型の種類を具体的に挙げると、MySQLでは「INT」などが用意されており、型の種類によって格納できる数値の範囲に違いがあります（図4-3）。

　また、小数を扱う型の例として、MySQLでは「DECIMAL」や「FLOAT」、「DOUBLE」などが用意されています。これらはそれぞれ格納できる桁数や精度に違いがあります（図4-4）。

　それ以外にも「111」や「10000000」といった「0」と「1」のみで値を表すビット値を格納するための「BIT」という型もあります。

　それぞれ格納できる値の範囲が違いますが、より大きい桁数のデータ型を選ぶと、その分だけ値を格納するときのサイズが大きくなるので、**格納される値の大きさに応じて適切なデータ型を選択する**ようにしましょう。

| 図4-3 | | 整数型の種類とカラムに格納できる桁数 |

	格納できる範囲	「UNSIGNED」オプションをつけた場合の格納できる範囲
TINYINT	-128 ～ 127	0 ～ 255
SMALLINT	-32768 ～ 32767	0 ～ 65535
MEDIUMINT	-8388608 ～ 8388607	0 ～ 16777215
INT	-2147483648 ～ 2147483647	0 ～ 4294967295
BIGINT	-9223372036854775808 ～ 9223372036854775807	0 ～ 18446744073709551615

| 図4-4 | | 小数点型の種類と格納できる値の精度 |

DECIMAL	誤差のない正確な小数を格納できる
FLOAT	小数第7位程度まで正確な小数を格納できる
DOUBLE	小数第15位程度まで正確な小数を格納できる

Point

✓ 数値を扱うデータ型の種類には、整数や小数、ビット値を扱う型などがある

✓ 数値型のカラムには、商品の価格や個数、レコードのID、温度、確率などのデータを格納する用途が考えられる

» 文字列を扱うデータ型

文字列を扱うデータ型の特徴

　文字列を扱うデータ型を設定したカラムに保存された値は、文字列として扱われます。そのため、ユーザーが入力した名前や住所、コメントを保存したり、大きなサイズの文章を格納しておいたりするなどの用途が考えられるでしょう。ちなみに「123」という値を保存する場合も、数値ではなく文字として扱われます。**数値型に格納した「123」とは区別される**ので注意が必要です。

文字列を扱うデータ型の種類

　データベース管理システムによってデータ型の種類に差はありますが、文字列を扱う型の種類として、MySQLでは「CHAR」、「VARCHAR」、「TEXT」などが用意されており、データの格納方法や最大長に違いがあります（図4-5）。最大長の大きいデータ型ほど、その分値を格納するときのサイズが大きくなるので、**格納される値の大きさに応じて適切なデータ型を選択する**ようにしましょう。

固定長と可変長

　文字列を扱うデータ型には固定長と可変長があります。固定長は一定の長さでデータが揃えられ、可変長はデータに合わせた長さで値を保存します。
　MySQLのデータ型でいうと、「CHAR」が固定長で、「VARCHAR」が可変長です。これらのデータ型のカラムに「ABC」という値を保存する例で考えてみましょう。図4-6のように「CHAR」型の場合は、指定された長さになるように右側がスペースで埋められ、一定の長さでデータが格納されます。一方「VARCHAR」型ではそれがありません。商品コードといったような、桁数があらかじめ決められている文字列の場合は固定長のデータ型を使うことで、データの取得や挿入の性能を上げることができます。

図4-5　文字列型の種類とカラムに格納できる最大長

	格納できる最大長
CHAR	0～255バイトを指定できる（格納されるデータは、指定された長さになるように右側がスペースで埋められる）
VARCHAR	0～65,535バイトを指定できる
TINYTEXT	255バイト
TEXT	65,535バイト
MEDIUMTEXT	16,777,215バイト
LONGTEXT	4,294,967,295バイト

図4-6　固定長と可変長の違い

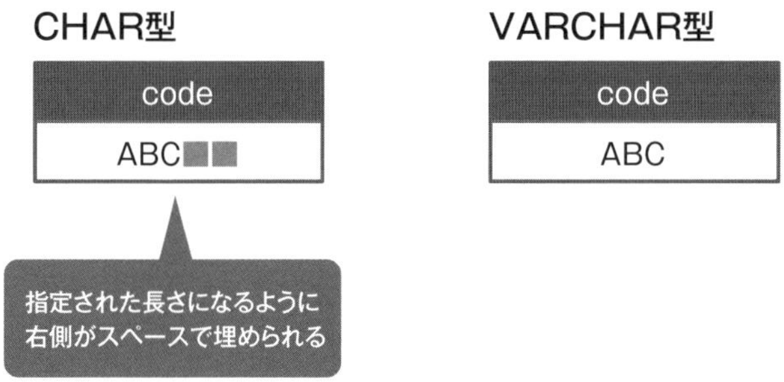

CHAR型

code
ABC■■

指定された長さになるように
右側がスペースで埋められる

VARCHAR型

code
ABC

Point

- 文字列を扱うデータ型には、データの格納方法や最大長によって、いくつかの種類がある
- 文字列型のカラムには、ユーザーが入力した名前や住所、コメントを保存したり、大きなサイズの文章を格納しておいたりするなどの用途が考えられる

日付や時間を扱うデータ型

日付や時間を扱うデータ型の特徴

　日付や時間を扱うデータ型を設定したカラムには、その名の通り日付や時間の値を登録することができます。そのため、商品の購入日やユーザーのログイン日時、誕生日、スケジュール日時、レコードの登録日・更新日などといった場面で用いられることが考えられるでしょう。

　また、保存した値は**3-9**で紹介したような「>」や「>=」、「<」、「<=」などの演算子を使うことで、レコードの取得時に「○月○日以前」や「○月○日以降」といった検索条件の指定に使えたり、値の取得時にフォーマットを指定して月の数字だけを抽出したり、**3-13**で紹介した「ORDER BY」を使って日付順にレコードを並べ替えたりすることも可能です。

日付や時間を扱うデータ型の種類

　データベース管理システムによってデータ型の種類に差はありますが、日付や時間を扱うデータ型には、**日付のみを保存できるもの、時間のみを保存できるもの、日付と時間の両方を保存できるもの**などがあります。

　MySQLでは「DATE」や「DATETIME」などが用意されています。これらはそれぞれ格納できるフォーマットに違いがあるので、保存したい値に合わせて適切なデータ型を選択するようにします（図4-7）。

日付や時間を登録するときのフォーマット

　日付・時間型のカラムに値を格納する場合は、さまざまなフォーマットで登録することができます。

　例えばMySQLだと2020年1月1日を保存したいときは「'2020-01-01'」のような形で登録することができますが、その他にも「'20200101'」や「'2020/01/01'」などでも同じように登録できます（図4-8）。登録時のフォーマットは違いますが、どれも同じ値として登録されます。

図4-7	日付・時間型の種類と用途

	用途
DATE	日付
DATETIME	日付と時間
TIME	時間
YEAR	年

図4-8	日付や時間を格納するときのフォーマット

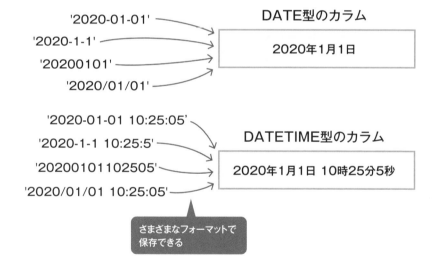

'2020-01-01'
'2020-1-1'
'20200101'
'2020/01/01'

DATE型のカラム
2020年1月1日

'2020-01-01 10:25:05'
'2020-1-1 10:25:5'
'20200101102505'
'2020/01/01 10:25:05'

DATETIME型のカラム
2020年1月1日 10時25分5秒

さまざまなフォーマットで保存できる

Point

- 日付や時間を扱うデータ型には、格納できるデータのフォーマットによって、いくつかの種類が用意されている
- 日付・時間型のカラムには、商品の購入日やユーザーのログイン日時、誕生日、スケジュール日時、レコードの登録日・更新日といったデータを格納する用途が考えられる

» 2種類の値のみを扱うデータ型

2種類の値のみを扱うデータ型の特徴

データ型の中には**2種類の値だけしか扱えない**というものもあり、BOOLEAN型と呼ばれます。このデータ型を設定したカラムに保存できる値は「真（true）」と「偽（false）」の2種類のみです。この値をプログラムの世界では真偽値やブール値と呼んでいて、ON か OFF かといった2つの状態を表現するときによく用いられます（図4-9）。

例えば解約ユーザーかどうかを表すカラムで利用中ユーザーを「偽」、解約ユーザーを「真」として表したり、商品が支払い済みの状態を「真」、未払いの状態を「偽」として表したり、タスクが完了の場合を「真」、未完了の場合を「偽」として表現するといったイメージです（図4-10）。

2種類の値のみを扱うデータ型の種類

BOOLEAN型はデータベース管理システムによってはない場合もありますが、代わりに別の型で同じ挙動を実現しているものもあります。例えばPostgreSQLの場合は あらかじめBOOLEAN型が用意されていますが、MySQLにはありません。その代わりに内部的にはTINYINT型（**4-2**参照）を使ってBOOLEAN型と同じ挙動を実現しています。

BOOLEAN型のカラムに値を保存する

MySQLで「BOOLEAN」のカラムに値を保存したいとき、「真（true）」の場合は「1」、「偽（false）」の場合は「0」を代入します。また、**3-7**で紹介した「SELECT」文でレコードを取得する際、「BOOLEAN」のカラムに保存した値は、同様に「1」や「0」として表示されます。

3-8で紹介した「WHERE」を使って、「カラム名 = 1」や「カラム名 = 0」、もしくは「カラム名 = true」や「カラム名 = false」といった形で条件を指定することもできます。

図4-9　　　　　　　　2種類の値のみを扱うデータ型

BOOLEAN型

ONかOFFかといった2つの状態を
表現することができる

図4-10　　　　　　　　**BOOLEAN型の用途**

タスク未完了

タスク完了

利用中ユーザー

解約ユーザー

未払い

支払い済み

Point

- BOOLEAN型には、真（true）と偽（false）の2種類の値だけを保存できる
- BOOLEAN型のカラムには、利用中ユーザーか解約ユーザーか、商品が支払い済みか未払いか、タスクが完了か未完了か、といったデータを格納する用途が考えられる

保存できるデータに制限をつける

ルールに一致しないデータの登録を防ぐ

　テーブルのカラムに対して制約をつけて格納できるデータに制限をかけたり、属性をつけて値をある規則で整えて格納することができます（図4-11）。例えばそのカラムには必ず何か値を代入しないといけないNOT NULL制約や、連番を自動的に格納するAUTO_INCREMENT属性などがあります（図4-12）。データの挿入や変更時にカラムの制約に引っかかった場合はエラーとなり、処理が行われません。そのため**制約を適切につけておくことで不正なデータが挿入されるのを避け、不整合が発生するのをあらかじめ防ぐ**ことできます。また、**属性をつけて一定のルールでデータを揃えておくことで、データを管理しやすくなる**メリットもあります。

代表的な制約や属性の例

ここでは代表的な制約や属性の例を紹介します。

- NOT NULL
  NULL（**4-8**参照）を保存できない制約です。この制約がついているカラムには、必ず何らかの値が入っている必要があります。
- UNIQUE
  カラムの値を重複させない制約です。この制約がついているカラムには、他のレコードの値と同じ値は格納できません。
- DEFAULT
  カラムの値にデフォルト値を設定する制約です。この制約がついているカラムに値を指定しなかった場合は、あらかじめ指定したデフォルト値が格納されます。
- AUTO_INCREMENT
  カラムに自動で連番を入れる属性です。この属性がついているカラムには、自動的に連続した数字が入ります。

図4-11	制約や属性とは何か

制約

格納できるデータに
制限をかける

属性

値をある規則で
整える

図4-12	制約や属性の例

users テーブル

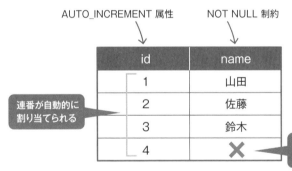

AUTO_INCREMENT 属性

NOT NULL 制約

id	name
1	山田
2	佐藤
3	鈴木
4	✖

連番が自動的に
割り当てられる

空のデータは
保存できない

Point

- テーブルのカラムに対して制約をつけることで格納できるデータに制限
をかけたり、属性をつけることで値をある規則で整えて格納することが
できる
- 適切な制約や属性をつけておくことで、データの不整合を防いだり、デ
ータを管理しやすくしたりすることができる

初期値を設定する

カラムに初期値を設定するDEFAULT

DEFAULT制約を使うと、カラムに初期値を設定することができます。DEFAULT制約を設定したカラムに値を何もセットせずにレコードを追加した場合は、**あらかじめ指定しておいた初期値が格納される**ようになります（図4-13）。また、もし明示的に値をセットした場合には初期値は使われず、セットした値が格納されます。

例えば商品テーブルの在庫数カラムの初期値を「0」にしておいたり、ユーザーが持っているお買い物のポイントを登録時は「0」にしておいたり、商品の決済ステータスをあらかじめ未払いの状態にセットしておくといった用途に使うことができます。

このように、**あらかじめ最初に決まっているステータスがある場合は初期値を設定しておく**と便利です。

デフォルト値の設定方法

MySQLの場合は、図4-14のようにテーブル作成時に「DEFAULT」をカラム名の後ろにつけてデフォルト値を設定することができます。今回の例では「name」カラムと「age」カラムを設けた「users」テーブルを作成しています。そして「age」カラムには初期値として「10」を指定しています。

このテーブルに「name」カラムを「山田」にセットしてレコードを追加（**3-6**参照）してみます。このとき「age」カラムの値は指定しません。すると、「name」カラムには指定した「山田」が格納され、「age」カラムには初期値として指定した「10」が格納されます。もし明示的に「age」カラムの値を指定してレコード挿入する場合は、初期値は使われず、指定した値が格納されます。

| 図4-13 | DEFAULT制約の役割 |

デフォルト値を「0」に設定した場合

items テーブル

名前	在庫数
いちご	5
みかん	3
ぶどう	6
もも	0

自動的にデフォルト値の「0」が格納される

レコードを追加

| 図4-14 | デフォルト値を設定するコマンド |

コマンド

```
CREATE TABLE users (name VARCHAR(100), age INT DEFAULT 10);
```

デフォルト値を「10」に設定

users テーブル

name	age

Point

- DEFAULT制約を使うと、カラムの値にデフォルト値を設定することができる
- あらかじめ最初に格納しておきたいステータスがある場合は初期値を設定しておくと便利

» データが何も入っていないとき

データが格納されていない状態を表すNULL

　カラムに格納されている値が「NULL」(「ヌル」や「ナル」と呼ばれます)となっているときは、「何もない」ということを表しています (図4-15)。そもそも何も入っていないので、0 (ゼロ) や " (空の文字列) とも区別されます。数字でも文字列でもありません。また、テーブルのカラムに初期値が設定されていない場合、初期値は「NULL」となります。

　NULLにすることで、**そのフィールドには何も格納していないということを明示的に表す**ことができます。何も格納していないことを表す場合、数値の場合は0 (ゼロ) とすることもできますが、これだと例えば年齢を表すフィールドに0 (ゼロ) が格納されているとき、それが空のデータを表しているのか、「0歳」を表しているのか区別できなくなってしまいます。「NULL」を使うことでデータ型に関係なく、そもそもデータが入力されていないということを示すことができます。

NULLの動作

　実際にカラムに格納されている値が「NULL」となる例を確認してみましょう。「users」テーブルに「name」カラムと「age」カラムが用意されているとします。なお「age」カラムにはデフォルト値は設定されていません。この状態で図4-16のように「name」カラムの値を「山田」にセットし、「age」カラムには値をセットせずにレコードを追加してみます。すると、値を指定していなかった「age」カラムの値は「NULL」として登録されます。コマンド中の「'山田'」となっている箇所を「NULL」に変えることで、「name」カラムの値をNULLとして指定するといったこともできます。

　また、「SELECT」文に「WHERE age IS NULL」のように条件を加えると、値がNULLのレコードの検索が可能です (**3-10**参照)。

図4-15　NULLとは何か

users テーブル

name	age
山田	21 ← ———— 21歳
佐藤	36 ← ———— 36歳
鈴木	0 ← ———— 0歳
山本	NULL

そもそも何も入って
いないことを表す

図4-16　値がNULLとなる例

コマンド

```
INSERT INTO users (name) VALUES ('山田');
```

users テーブル

name	age
山田	NULL

値を指定していなかった
フィールドは NULL になる

Point

∥ NULL は「何もない」ということを表しており、数字でも文字列でもない

∥ 値が未入力であるということを明示的に表すのに便利

» データが空の状態を防ぐ

NULLを格納できないようにする

　NOT NULL制約を使うと、カラムに「NULL」を格納できないようにすることができます。NOT NULL制約が設定されたカラムに対して「NULL」を格納しようとしても、エラーとなって登録できません（図4-17）。「NULL」は値がないということを表しているので（**4-8**参照）、**必ず何らかの値を格納しておく必要のあるカラムに設定**します。

　例えば商品コードやユーザーIDなど、入力が必須な項目のカラムに設定しておくといった用途に使うことができます。

　また、データベース管理システムによってはNOT NULL制約がついているカラムに何も値を指定しなかった場合、初期値として「NULL」以外の値が格納される仕様になっているものもあります。例えばMySQLでは、数値型のカラムのときはデフォルト値として自動的に「0」が格納されます。

NOT NULL制約の設定方法

　MySQLの場合は、図4-18のようにテーブル作成時に「NOT NULL」をカラム名の後ろにつけることで、NULLを格納できないように設定することができます。今回の例では「name」カラムと「age」カラムを設けた「users」テーブルを作成、「age」カラムに「NOT NULL」制約を設定しています。

　このテーブルに「name」カラムを「山田」、「age」カラムを「NULL」にセットしてレコードを追加（**3-6**参照）してみます。すると、「age」カラムにはNOT NULL制約が効いているのでエラーとなって登録できません。

　今度は「name」カラムに「佐藤」をセットしてレコードを追加してみます。このとき「age」カラムの値は指定しません。すると、「age」カラムにはNULLではなく、自動的に初期値として「0」が設定されます。

| 図4-17 | **NOT NULL制約の役割** |

NOT NULL 制約 ──┐

users テーブル

id	name
1	山田
2	佐藤
3	鈴木
✖NULL	山本

レコードを追加

NULLは格納できないので
レコード追加時にエラーとなる

| 図4-18 | **NOT NULL制約を設定するコマンド** |

コマンド

```
CREATE TABLE users (name VARCHAR(100), age INT NOT NULL);
```

NULLを格納できないように設定

users テーブル

name	age

Point

- NOT NULL制約を使うと、カラムに「NULL」を格納できないようにすることができる
- 情報の入力が必須なカラムにNOT NULL制約を設定しておくと便利

他の行と同じ値を
入れられないようにする

重複を防ぐUNIQUE

UNIQUE制約を使うと、カラムに他のレコードと重複した値を格納できないようにすることができます。もしUNIQUE制約が設定されたカラムに対して重複した値を格納しようとした場合は、エラーとなって登録できません（図4-19）。

例えば商品コードやユーザーIDのような、**必ず同じ値が存在することのないカラムに設定しておく**といった用途が考えられるでしょう。もし別の商品に同じ商品コードがついていると、識別できずに困ってしまいます。あらかじめUNIQUE制約を設定しておくことによってそのような重複を防ぐことが可能になります。

ちなみにNULLは値がないということを表していますが（**4-8**参照）、こちらはUNIQUE制約が適用されません。例外として複数のレコードに格納することができます。UNIQUE制約は値が存在するレコードにのみ適用されるということになります。

UNIQUE制約の設定方法

MySQLの場合は、図4-20のようにテーブル作成時に「UNIQUE」をカラム名の後ろにつけることで、重複した値を格納できないように設定することができます。今回の例では「id」カラムと「name」カラムを設けた「users」テーブルを作成し、「id」カラムにUNIQUE制約を設定しています。

このテーブルに「id」カラムを「1」、「name」カラムを「山田」にセットしてレコードを追加（**3-6**参照）してみます。続けて今度は「id」カラムを「1」、「name」カラムを「佐藤」にセットしてレコードを追加してみます。すると、「id」カラムにはUNIQUE制約が効いているので同じ値はエラーとなって登録できません。「id」カラムを「2」に変えると正しく登録することができます。

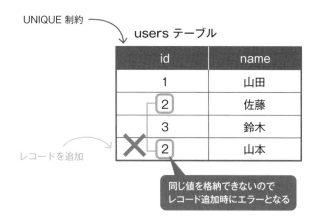

図4-19　　　**UNIQUE制約の役割**

UNIQUE 制約

users テーブル

id	name
1	山田
2	佐藤
3	鈴木
2	山本

レコードを追加

同じ値を格納できないので
レコード追加時にエラーとなる

図4-20　　　**UNIQUE制約を設定するコマンド**

コマンド

```
CREATE TABLE users (id INT UNIQUE, name VARCHAR(100));
```

同じ値を格納できないように設定

users テーブル

id	name

Point

- UNIQUE制約を使うと、カラムに他のレコードと重複した値を格納できないようにすることができる
- 商品コードやユーザーIDのような、必ず同じ値が存在することのないカラムに設定しておくといった用途に使える

» 自動で連番を入れる

自動的に番号を割り当てる

「AUTO_INCREMENT」を使うと、カラムに自動的に連続した番号を格納することができます。例えば、最初にレコードを挿入したときに「AUTO_INCREMENT」を設定したカラムには自動的に「1」が格納されます。さらに新たなレコードを挿入すると「2」が格納され、レコードを挿入するたびに 1, 2, 3, 4, …… と連番が自動的に格納されていきます（図4-21）。

商品IDやユーザーIDのようなカラムに「AUTO_INCREMENT」を設定しておくと、**自動的に各レコードに番号が割り当てられるので、それを商品やユーザーを識別するための番号として扱う**といった用途に役立ちます。

AUTO_INCREMENTの設定方法

MySQLの場合は、図4-22のようにテーブル作成時に「AUTO_INCREMENT」をカラム名の後ろにつけることで、連続した番号が自動で格納されるように設定することができます。今回の例では「id」カラムと「name」カラムを設けた「users」テーブルを作成しています。そして「id」カラムに「AUTO_INCREMENT」を設定しています。「AUTO_INCREMENT」を設定するカラムには、インデックス（**7-7**参照）やUNIQUE制約（**4-10**参照）、もしくはプライマリキー（**4-12**参照）が必要なので、今回は「UNIQUE」も合わせて設定しています。

このテーブルに「name」カラムを「山田」にセットしてレコードを追加（**3-6**参照）してみます。すると「id」カラムには自動的に「1」が入ります。続けて今度は「name」カラムを「佐藤」にセットしてレコードを追加してみます。すると、今度は「id」カラムに「2」が格納されます。

図4-21　　　　　**AUTO_INCREMENTの役割**

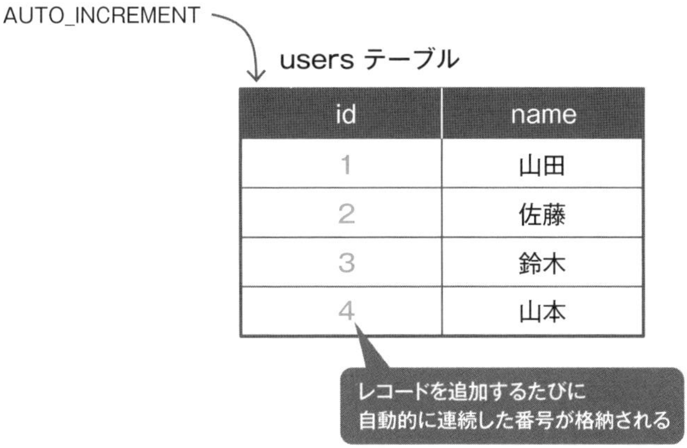

AUTO_INCREMENT

users テーブル

id	name
1	山田
2	佐藤
3	鈴木
4	山本

レコードを追加するたびに
自動的に連続した番号が格納される

図4-22　　　　**AUTO_INCREMENTを設定するコマンド**

コマンド

```
CREATE TABLE users (id INT UNIQUE AUTO_INCREMENT, name VARCHAR(100));
```

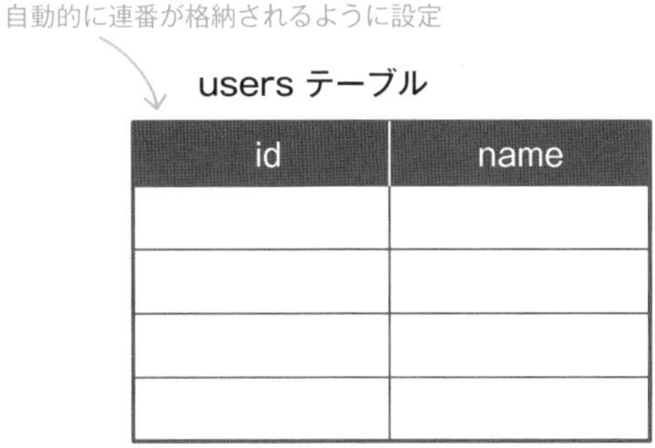

自動的に連番が格納されるように設定

users テーブル

id	name

Point

* 「AUTO_INCREMENT」を使うと、カラムに自動的に連続した番号を格納することができる
* 商品IDやユーザーIDのような、データを識別するための番号として扱うといった用途に使える

≫ 行を一意に識別できるようにする

レコードを特定できるようにする

　カラムに「PRIMARY KEY」を設定すると、他のレコードと重複する値や「NULL」(**4-8**参照)を格納できなくすることができます。つまり「PRIMARY KEY」を設定したカラムの値さえわかれば、1つのレコードを特定することができるということになりますので、**各レコードを識別するためのカラムに設定**しておくと便利です。

　例えばユーザー情報が保存されているテーブルに「佐藤」という名前のユーザーが2人登録されていたとします。2人は別人ですが、名前のカラムだけ見てもレコードを区別することができません。名前のカラムとは別に「PRIMARY KEY」を設定した「id」カラムを用意して、ユーザーごとに重複しない値を設定しておけば、2つのレコードを識別することができます(図4-23)。ちなみに「PRIMARY KEY」を設定したカラムは、プライマリキーや主キーと呼ばれます。

PRIMARY KEYの設定方法

　MySQLの場合は、図4-24のようにテーブル作成時に「PRIMARY KEY」をカラム名の後ろにつけることで、主キーとして設定することができます。今回の例では「id」カラムと「name」カラムを設けた「users」テーブルを作成しています。そして「id」カラムを主キーに設定しています。これで「id」カラムには重複する値やNULLが格納できなくなりました。

　このテーブルに「id」カラムを「1」、「namc」カラムを「山田」にセットしてレコードを追加(**3-6**参照)します。続けて「id」カラムを「1」、「name」カラムを「佐藤」にセットしてレコードを追加すると、「id」カラムには重複した値が保存できないので登録できません。「id」カラムを「2」に変えると登録できます。また、「id」カラムを「NULL」、「name」カラムを「鈴木」にセットしてレコードを追加しても、「id」カラムには「NULL」が保存できないので登録できません。

図4-23 **PRIMARY KEYの役割**

PRIMARY KEY

users テーブル

id	name
1	山田
2	佐藤
3	鈴木
4	佐藤

名前は同じでも別のユーザー

この列を見れば識別できる

図4-24 **PRIMARY KEYを設定するコマンド**

コマンド

```
CREATE TABLE users (id INT PRIMARY KEY, name VARCHAR(100));
```

他のレコードと重複する値やNULLを格納できないように設定

users テーブル

id	name

Point

- カラムに「PRIMARY KEY」を設定すると、他のレコードと重複する値や「NULL」が格納できなくなる
- 各レコードを識別するためのカラムに設定する

≫ 他のテーブルと関連付ける

テーブル同士を関連付ける

　カラムに「FOREIGN KEY」を設定すると、そのカラムには、指定した他のテーブルのカラムに存在する値しか格納できなくなります。つまり、**他のテーブルの値に依存したカラムを設けて、テーブル同士を関連付けておく**ことができます。このような設計にしておくことで、後から**3-20**で紹介したようなテーブル結合を行ってデータ抽出するといったことが可能になります。

　例えば部署の情報が保存されたテーブルを用意し、これを親テーブルとします。それに関連付いた子テーブルとして、「部署ID」を格納するカラムを設けたユーザーの情報を保存するテーブルを作成するとします。この「部署ID」カラムは部署テーブルと紐づいているので、部署テーブルに格納されていない部署のIDは登録できないようにしておく必要があり、このようなカラムに対して「FOREIGN KEY」を設定します（図4-25）。

　ちなみに「FOREIGN KEY」を設定したカラムは、外部キーと呼ばれます。

「FOREIGN KEY」の設定方法

　MySQLの場合は、図4-26のようにテーブル作成時のコマンド中に「FOREIGN KEY」を使って、その後ろに外部キーを設定したいカラム名や、関連先にあたる親のテーブル名やカラム名を指定することができます。今回の例では「name」カラムと「department_id」カラムを設けた「users」テーブルを作成しています。そして「department_id」カラムを外部キーとし、「departments」（部署）テーブルの「id」カラムと関連付けています。これで「department_id」カラムには「departments」テーブルの「id」カラムに存在する値しか格納できなくなりました。つまり、存在しない部署のユーザーは登録できないようにすることができるのです。

図4-25	FOREIGN KEYの役割

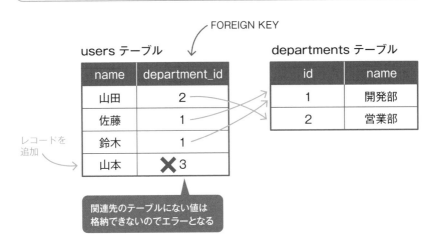

図4-26	FOREIGN KEYを設定するコマンド

コマンド

```
CREATE TABLE users (name VARCHAR(100), department_id INT,
  FOREIGN KEY (department_id) REFERENCES departments(id)
);
```

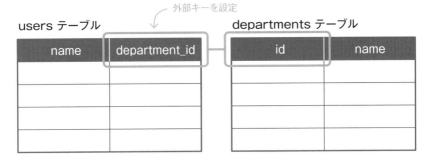

Point

- カラムに「FOREIGN KEY」を設定すると、指定した他のテーブルのカラムに存在する値しか格納できなくなる
- 他のテーブルのカラムに関連付けたいカラムに設定する

≫ 切り離せない処理をまとめる

複数の処理をまとめるトランザクション

データベースに対して行われる複数の処理をまとめたものをトランザクションと呼びます。SQLは1文ずつ実行することができますが、**連続して複数のデータの追加や更新の必要がある場合は、1つのアクションとして実行するように一連の処理を束ねる**ことができます（図4-27）。

銀行口座の例で考えてみましょう。A口座からB口座に10万円を送金すると、データベース上では「A口座の預金をマイナス10万円にする」「B口座の預金をプラス10万円にする」といった2つの処理を同時に実行させる必要があります。ところが、もしA口座の処理が完了した直後にシステムに問題が発生し、B口座の処理が実行されないとB口座に送金額が反映されなくなってしまうということが起こります（図4-28）。これらの処理をトランザクションによってまとめて完了させることで、データが合わなくなる問題を防ぐことができます。

トランザクションの特性

トランザクションには以下のような特性があります。

- 原子性
  トランザクションに含まれる処理が「すべて実行される」か「すべて実行されない」かのどちらかになる。
- 一貫性
  あらかじめ設定された条件を満たし、データの整合性を保証する。
- 独立性
  処理の途中経過が隠蔽され、外部からは結果だけ見ることができる。処理の実行途中の状態で、他の処理に影響を与えない。
- 永続性
  トランザクションが完了したら、その結果が失われることはない。

図4-27	トランザクションの役割

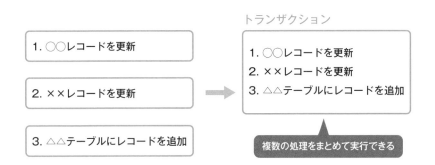

図4-28	A口座からB口座の送金中にエラーが起きる例

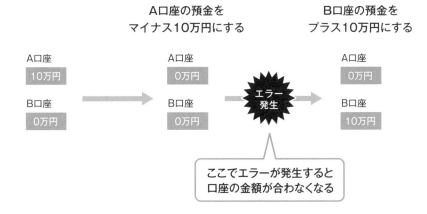

Point

- データベースに対して行われる複数の処理をまとめたものを「トランザクション」と呼ぶ
- 処理が途中で中断することによって発生するデータの不整合を、トランザクションによって防ぐことができる

» ひとまとまりの処理を実行する

トランザクション処理を確定する

　一連のトランザクションに含まれる処理が成功したときに、その結果をデータベースに反映させることを**コミット**と呼びます。

　トランザクションを用いた場合、**SQL文を実行する過程ではまだデータベースには結果が反映されません。最後にコミットを行うことで、そこで初めて変更内容が適用されます**（図4-29）。

コミットを行うまでの流れ

　銀行口座の例で考えてみましょう。A口座からB口座に10万円を送金するときは、データベース上ではトランザクションを用いて「A口座の預金をマイナス10万円にする」「B口座の預金をプラス10万円にする」といった2つの処理を実行し、最後にコミットを行います（図4-30）。

　このとき途中経過は外から見えないので、他の処理からコマンド実行中の値は見えず、A口座の値の更新直後に他の処理が入り込むことはありません。B口座の値の更新も行い、最後にコミットを実行して初めてデータベースに結果が反映され、他の処理からその値を読み取ることができるようになります。

コミットを実行するコマンド

　トランザクションの実行方法はデータベース管理システムによって違いがありますが、MySQLの場合は、「START TRANSACTION;」を実行し、その後にトランザクションを用いて実行したい処理を書いていきます。この時点ではまだデータベースに結果は反映されません。最後に「COMMIT;」というコマンドを実行することでコミットを行うことができ、データベースに変更内容が適用された状態となります。

図4-29　　　　　　　　　　　　コミットの役割

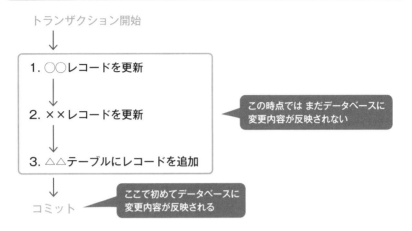

トランザクション開始

1. ○○レコードを更新

2. ××レコードを更新

この時点では まだデータベースに変更内容が反映されない

3. △△テーブルにレコードを追加

ここで初めてデータベースに変更内容が反映される

コミット

図4-30　　　　　　　　A口座からB口座に10万円の送金を行う例

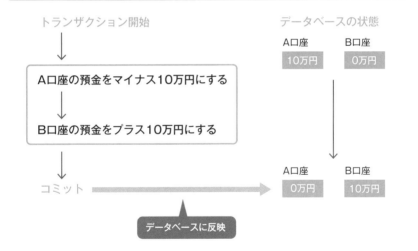

トランザクション開始

データベースの状態

A口座　　　　B口座
10万円　　　 0万円

A口座の預金をマイナス10万円にする

B口座の預金をプラス10万円にする

A口座　　　　B口座
0万円　　　 10万円

コミット

データベースに反映

Point

- 一連のトランザクションに含まれる処理が成功したときに、その結果をデータベースに反映させることをコミットと呼ぶ
- コミットを行うまで、トランザクション内のコマンド実行中の値は他の処理から見えない

≫ ひとまとまりの実行した処理をなかったことにする

トランザクション処理を取り消す

　トランザクション内の処理で問題が発生したときに、処理を取り消してトランザクション開始時点の状態まで戻すことを**ロールバック**と呼びます。データベース上で実行される処理は常に正常に行われるとは限りません。プログラムにおけるバグや、ネットワーク障害によってデータベースに接続できなくなるなど、さまざまな想定外の問題が起こります。そのようなときにトランザクション内の処理を途中で中断してしまうと、データの整合性がとれなくなってしまうことがあります。これを防ぐために、ロールバックを用いて**トランザクション内の処理を取り消し、整合性が保たれた状態まで復旧**します（図4-31）。

　銀行口座の例で考えてみましょう。A口座からB口座に10万円を送金するときは、正常な場合、データベース上ではトランザクションを用いて「A口座の預金をマイナス10万円にする」「B口座の預金をプラス10万円にする」といった2つの処理を実行し、最後にコミットという流れになります。

　しかし、A口座の値を更新した直後に問題が発生し、処理が継続できなくなってしまった場合、このままコミットを行ってしまうと、B口座の更新がまだ行われていないのでデータの整合性が合わなくなってしまいます。このようなときにロールバックを行って、トランザクション開始時点の状態まで巻き戻します。結果として**トランザクション内の処理は何も行われないので、データベース上での変化はありません**（図4-32）。

ロールバックを実行するコマンド

　データベース管理システムによって違いがありますが、MySQLの場合は、「START TRANSACTION;」の後にトランザクションを用いて実行したい処理を書いていきます。もし問題が発生した場合は「ROLLBACK;」を実行することでトランザクション内の処理を巻き戻すことができます。

図4-31　　　　　　　　　　　ロールバックの役割

トランザクション開始

○○レコードを更新

××レコードを更新

問題
発生

ロールバック

トランザクション開始時点の
状態まで戻す

図4-32　　　　　　　　　　　ロールバックを行う例

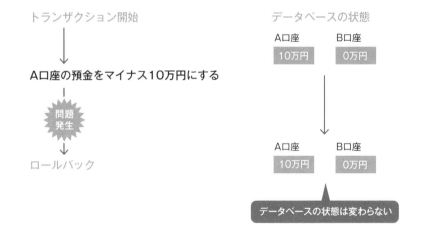

トランザクション開始

A口座の預金をマイナス10万円にする

問題
発生

ロールバック

データベースの状態

A口座　　　　B口座
10万円　　　 0万円

A口座　　　　B口座
10万円　　　 0万円

データベースの状態は変わらない

第4章　ひとまとまりの実行した処理をなかったことにする

Point

✎ トランザクション内の処理を取り消してトランザクション開始時点の状態まで戻すことをロールバックと呼ぶ

✎ 想定外の問題によってトランザクション処理が中断した場合に、整合性が保たれた状態まで復旧する役目を果たす

2つの処理が競合して処理が止まる問題

トランザクション処理が進まなくなる問題

　複数のトランザクション処理が同時に同じデータを操作することで、互いに相手の処理終了を待つ状態となり、次の処理へ進めなくなってしまうことをデッドロックと呼びます。

　銀行口座の例で考えてみます。A口座とB口座に10万円ずつ入っている状態で図4-33のような「A口座からB口座に10万円の送金を行うアクション」と「B口座からA口座に10万円の送金を行うアクション」が同時に実行されたとします。まず1-1の「A口座の預金をマイナス10万円にする」という処理が実行されると、コミットが行われるまでA口座のデータはロックされた状態となります。このようにトランザクション中の処理に関わるデータは一時的にロックされます。もし**他の処理がロック状態のデータを操作しようとした場合は、ロックが解除されるまで待ってから処理が実行**されます。その後1-2が実行される前に、2-1の「B口座の預金をマイナス10万円にする」が実行されました。同様にしてB口座のデータがロックされます。すると、2つのトランザクションがお互いに相手が操作したいデータをロックしていて1-2と2-2の処理を進められず、どちらのアクションも止まってしまいました。これがデッドロックです。

デッドロックの対策

　デッドロックが起こった場合、**どちらか片方の処理を終了**させなければなりません。データベース管理システムによっては自動的にデッドロックを監視して、ロールバックを行うしくみもありますが、そもそもデッドロックが起こらないようにしておくことが必要です。例えばトランザクション内の処理時間を短くしたり、トランザクションからアクセスするデータの順番を統一したりする対策が考えられます。口座間の送金の例でいえば、どちらのトランザクションもA口座のデータ更新後にB口座のデータを更新すれば、デッドロックを回避できます（図4-34）。

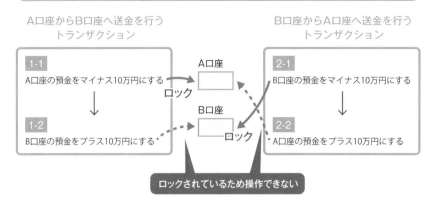

図4-33　**デッドロックが発生した状態**

A口座からB口座へ送金を行う
トランザクション

B口座からA口座へ送金を行う
トランザクション

1-1
A口座の預金をマイナス10万円にする

A口座

ロック

B口座

1-2
B口座の預金をプラス10万円にする

ロック

2-1
B口座の預金をマイナス10万円にする

2-2
A口座の預金をプラス10万円にする

ロックされているため操作できない

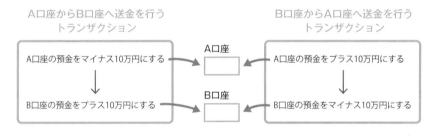

図4-34　**デッドロックが起こらないようにした例**

A口座からB口座へ送金を行う
トランザクション

B口座からA口座へ送金を行う
トランザクション

A口座の預金をマイナス10万円にする

A口座

A口座の預金をプラス10万円にする

B口座の預金をプラス10万円にする

B口座

B口座の預金をマイナス10万円にする

**トランザクション内でアクセスするデータの
順番を統一すれば競合しない**

Point

- 複数のトランザクション処理が同時に同じデータを操作することで、互いに相手の処理終了を待つ状態となり、次の処理へ進めなくなってしまうことをデッドロックと呼ぶ
- デッドロックが起こってしまった場合は、ロールバックでどちらかの処理を終了させる必要がある
- トランザクション内の処理時間を短くしたり、トランザクションからアクセスするデータの順番を統一するなどして、そもそもデッドロックが起こらないように気をつける

やってみよう

データ型・制約・属性を割り当てよう

本の情報を管理するテーブルに、id、title（タイトル）、genre（ジャンル）、published_at（発売日）、memo（メモ）のカラムを設ける場合、それぞれどのようなデータ型や制約・属性を割り当てるのが適切か考えてみましょう。

カラム名	データ型	制約・属性
id		
title		
genre		
published_at		
memo		

回答例（MySQLの場合）

カラム名	データ型	制約・属性
id	int	AUTO_INCREMENT, NOT NULL
title	varchar	NOT NULL
genre	varchar	NOT NULL
published_at	datetime	NOT NULL
memo	text	

上の例では、id カラムは数値が入ることを想定して、int型にしてあります。また、1, 2, 3, ……と連番を自動的に挿入するためにAUTO_INCREMENTを設定しています。

titleやgenreカラムは文字列が入ることを想定してvarchar型、published_atカラムは日付が入ることを想定してdatetime型にしており、それぞれ空欄を避けるために NOT NULL 制約を設定してあります。

memo は長い文字列を代入できるようにするために text 型にしてあります。

データベースを導入する

～データベースの構成とテーブル設計～

» システムを導入する流れ

システム導入後のトラブルとデータベース導入の流れ

システムを導入する際にあらかじめ考えておくべきことを整理しないで進めてしまうと、**導入後に必要な機能が足りないことに気づいたり、逆に必要ない機能まで追加してしまったり、途中で設計し直しになって工数が余計にかかってしまったり**と、思わぬトラブルにつながることがあります。

それを避けるためには、システムを導入するまでの手順を整理しておく必要があるでしょう。よくあるシステム開発の進め方として、おおまかに要件定義、設計、開発、運用のステップがあります（図5-1）。

❶要件定義

何か現状に問題があって、それを解決するためにどのようなシステムにするのかを決める工程です。ここで課題や要望をヒアリングし、どのような機能が必要なのかを洗い出していきます（**5-4** 参照）。

❷設計

設計は要件定義をもとに、それを実現するための仕様を決める工程です。データベースは、どのようなテーブルやカラムを設けるか、カラムにどのような型や制約をつけるか、ということを決めます。データベース設計の手段として、ER図（**5-7**〜**5-9**参照）を用いたり、正規化（**5-10**〜**5-13**参照）を行ったりすることもあります。

❸開発

開発の工程では、設計した内容をもとにして、ソフトウェアやデータベースを形にしていきます。データベースでいえば、SQL言語などを用いてテーブルを作成し、カラムに制約を設定していきます。

❹導入・運用

組み上がったシステムを業務へ導入したり、ソフトウェアを公開するなどして運用開始します。必要に応じて運用前には動作のテストを行ったり、まずは1つの部署だけなど、小さい範囲から試用を始めたりすることもあります。

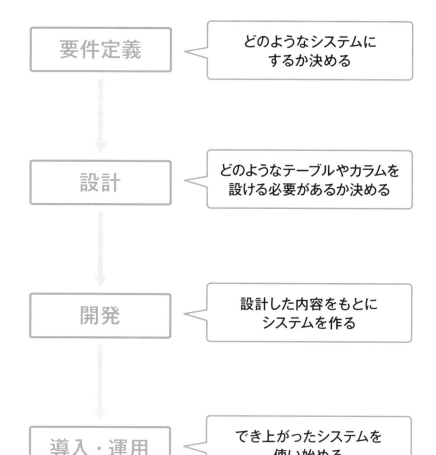

図5-1 データベースを導入する流れ

要件定義 — どのようなシステムにするか決める

設計 — どのようなテーブルやカラムを設ける必要があるか決める

開発 — 設計した内容をもとにシステムを作る

導入・運用 — でき上がったシステムを使い始める

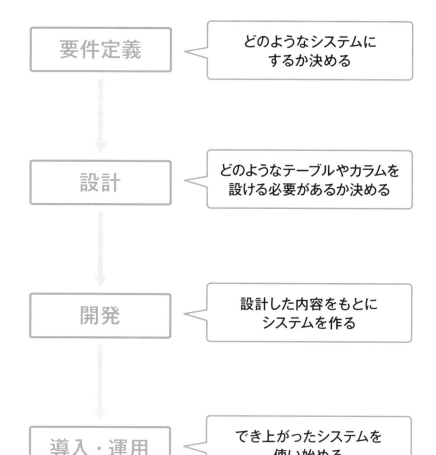

Point

- 見切り発車でシステムの導入を進めると、後で必要な機能が足りなかったり、必要のない工数が増えたりするなど、思わぬトラブルにつながりやすい
- データベースなどのシステム開発の進め方には、おおまかに、要件定義、設計、開発、運用というステップがある

第5章 システムを導入する流れ

≫ システムの導入で影響すること

システム開発に必要な担当者

　システムを開発する際には、開発に必要なメンバーを確保したり、担当者を決めておく必要があります。自社で開発をする場合であれば、

- データベースを設計する人
- 設計をもとにデータベースを構築する人
- でき上がったシステムのテストを行う人

などの役割分担が必要です。進捗を確認するプロジェクトリーダーといった存在も必要になるかもしれませんし、分業制の場合もあれば、1人で複数の役割を兼任することもあります。小さなプロジェクトであれば設計から開発までひと通り1人で行うこともあるかもしれません（図5-2）。

システムの導入によって変わる業務内容

　新しいシステムを導入すると、今までと業務内容やシステムの使い方が変わることもあります。その影響で利用者が混乱する可能性がある場合は、あらかじめそれに合わせた対応を考えておきましょう。

　業務効率化のためにデータベースシステムを導入するのであれば、システムの導入直後に仕事の業務フローが変わったり、新システムに移行する期間で業務を止めたりする必要が出てくるかもしれません（図5-3）。その場合は新しいシステムの使い方を担当者に教育したり、業務を一時的に停止させる旨をあらかじめ伝えておいたりすることが必要となります。

　また、**実際に業務システムを利用しているメンバーに、現状で不便な点や要望をヒアリングすることで、新システムにそれを生かす**ことができます。必要に応じてシステムの使用感のチェックや動作に問題がないかのテストへの協力も考えられるでしょう。新しいシステムの導入には、開発者をはじめ、さまざまなメンバーの協力が必要となります。

図5-2	システム開発で関わるさまざまな役割のメンバー

プロジェクトリーダー

データベースを
設計する人

データベースを
構築する人

テストをする人

設計 兼 開発者

図5-3	新しいシステムの導入で影響すること

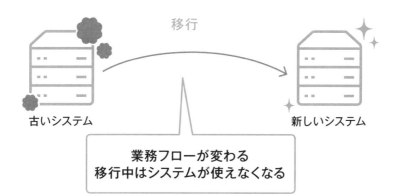

移行

古いシステム

新しいシステム

業務フローが変わる
移行中はシステムが使えなくなる

Point

- システム開発では、設計や構築をする人、テストをする人、プロジェクトリーダーなど、さまざまな役割のメンバーが必要
- 新しいシステムを導入することで業務フローが変わったり、システム移行時に業務を止める必要が出てきたりすることもあるので、担当者と連携しながら進める必要がある

》 データベースを導入すべきか 検討する

データベースを導入するデメリット

　メリットがある一方、データベースには以下のような導入のデメリットもあるため、精査したうえで導入を検討する必要があります（図5-4）。

　まず、データベースの設計や導入には時間と費用がかかります。データベースを導入するまでには要件を定義し、設計・開発をして、運用を開始するための調整が必要になってきます。作業の外注や商用の製品を使うとそれらの工数を最小限に抑えられますが、その分費用がかかってきます。

　また、専門知識や、SQLによる操作方法を覚える必要があります。**専門知識がなくてもデータベースをより簡単に操作する方法もありますが、少しひねったことをやろうとするとやはりより高度な知識が求められます。**

　そして、データベースの導入後にエラーが出た場合は原因を把握・対処し、バックアップやセキュリティ対策を講じる必要が出てくることもあります。

システムを導入すべきか検討する

　データベースの導入にあたり、導入の目的も検討内容の1つです。データベースは魔法の道具ではなく、あくまで情報を蓄えたり整理したりするためのツールなので、これを生かせるかどうかは利用者にゆだねられます。本当に**データベースによって目的が達成されるのか、メリットが享受できるのか、といったことを考える**必要があるでしょう。

　例えば業務の効率化が目的であれば、それがデータベースによって解決できるかは使い方によって変わってきます。そもそもデータベースを自前で導入するよりも他にお手軽なソフトや製品があるかもしれません（図5-5）。もしシステムを導入しても、結局新しいシステムを覚えるのが面倒だから今までの方がよかった、せっかく導入したのに業務を逆に増やすことになってしまった、ということであれば時間もコストもムダになってしまいます。システム導入後のイメージを考えたうえで、**メリットよりもデメリットが上回るようであれば、他の手段を選択する**方法も考えましょう。

図5-4 データベースを導入するデメリット

時間やお金がかかる

専門知識が必要になる

必要に応じて
メンテナンスが必要になる

図5-5 データベース以外の選択肢

表計算ソフトで
データを管理する

目的に合った
専用のソフトや製品を買う

Point

🖉 データベースの導入にはデメリットもあるため、精査したうえで導入を
検討する

🖉 データベースを自前で導入する以外の選択肢もないか考えてみる

第5章 データベースを導入すべきか検討する

» 誰がどのような目的で使うのか整理する

必要な機能を洗い出す要件定義

　システム開発を行う際にはまず始めに要件定義という作業を行います。要件定義を一言でいうならば、何か叶えたい要望があって、それをどのように実現するかをまとめる、要件の洗い出し作業です（図5-6）。いきなりシステムの開発を始めてしまうと、完成したシステムがイメージと違っていたり、必要としていた機能が足りなかったりと、予期せぬトラブルを生みがちです。要件定義を行っていくことで、**開発者やクライアントなどシステムに関わるメンバー全員が、現状の問題点や開発する機能の内容、完成後のシステムの操作イメージ、業務の変化を把握でき、あらかじめ回避できる失敗を防ぐ**ことができます。

　例えばメモ帳を使って手作業で行っていた売上集計を自動化させたいというユーザーの要望があったとします。これを実現するために、POSレジを導入してバーコードで売れた商品を記録するのか、そこは手作業でコンピュータで入力するのか、そして集計は具体的にどのような計算方法になるのか、それは画面に表示するのか、毎日メールで送られてくるようにするのか、といったように、要望を叶える手段として具体的なシステム上での動作を決めていきます。**決めた内容は、要件定義書としてドキュメントにまとめることが多い**です（図5-7）。

データベースにおける要件定義

　データベース自体を単体で使う用途は限られており、おそらく多くの場合はレジやアプリ、Webサイトといった他の製品やソフトと連携させて使うことが多いでしょう。その中でデータベースの役割は**1-2**で紹介したようにデータの登録・整理・検索を担うことなので、要件定義のフェーズにおいてデータベースについて決めておくべきことは、何のデータを保存するべきか、また何のデータを出力するべきか、といった点を考えるのが中心となります。

図 5-6　要件定義をする流れ

要望を聞く → システムでどのように解決できるか考える → 要件定義書にまとめる

図 5-7　売上集計を自動化させるシステムの要件定義の例

・入荷した商品は、手作業でIDと価格をデータベースに保存しておく
・お会計時にPOSレジで商品を読み取り、データベースに購入された商品のIDを記録
・お店の責任者宛に毎日20:00に売上の合計をメールで通知する

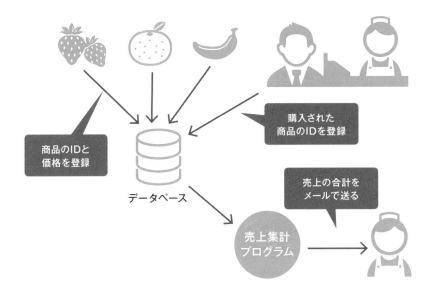

商品のIDと価格を登録

購入された商品のIDを登録

データベース

売上の合計をメールで送る

売上集計プログラム

Point

- 要件定義の工程では、要望をどのようにシステムで実現するかを考え、要件定義書にまとめる
- データベースについては、とくに何のデータを保存・出力するべきかをあらかじめ固めておく

保存する必要のあるデータを考える

データベースに保存する項目を確認する

5-4でユーザーの要望と、必要なシステムを整理するという話をしました。それができると今度はデータベースにおいて、どのようなデータを保存するか考える必要があります。

購入された商品を管理するデータベースを作成する場合であれば、具体的に商品情報の何の項目を保存するか決めなければなりません。例えば、商品名や価格といった商品自体の情報の他、購入者情報、どの商品を誰が買ったかの履歴などを保存する必要が出てくるでしょう（図5-8）。

このように**データベースに保存しておかなければならない情報を網羅しておき、この後の手順でテーブル設計に生かします。**また、要件定義で整理したシステムを実現するために、データベースに保存しておくべき項目に漏れがないか、ここで確認しておきましょう。

保存対象となるものと その項目を抽出する

保存すべきデータを整理するために、保存対象となる実体（エンティティ）と、エンティティが持つ詳細な項目（属性）を抽出します。

エンティティは共通した内容を持った、おおまかなデータのまとまりを指しており、言い換えるとデータの中に登場する人物やモノを指します。具体例を紹介すると、商品、購入者、購入履歴、店舗といったものがエンティティです。エンティティを日本語で実体と訳すことができますが、とくに実在しているものでなくてもよく、購入履歴のような概念的なものも含めます。

そしてエンティティからさらに詳細な項目にあたる属性を抽出します。例えば商品がエンティティの場合は商品名や価格、商品IDなどを属性として挙げることができます（図5-9）。

具体的にエンティティや属性を抽出する例は**5-17**でも紹介します。

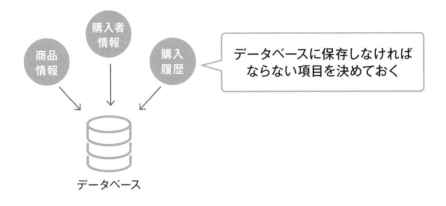

| 図5-8 | データベースに保存する項目を決める |

購入された商品を管理するデータベースを作成したい場合

商品情報　購入者情報　購入履歴　→　データベース

データベースに保存しなければならない項目を決めておく

データベース

| 図5-9 | エンティティと属性の例 |

商品名

商品価格

商品ID

商品
商品の詳細な項目

エンティティ
属性

Point

- 要件をもとにして、エンティティと属性を抽出する
- エンティティは保存対象となる実体で、属性はエンティティが持つ詳細な項目

» データ同士の関係を考える

エンティティ同士の関係を確認する

エンティティは他のエンティティと関係している場合が多く、エンティティ同士の結びつきは、リレーションシップと呼ばれます（図5-10）。リレーショナル型データベースでは、複数の関連するテーブル同士を組み合わせてデータを表現することになりますので、**あらかじめエンティティ同士のリレーションシップを考えておくことで、テーブル設計のときにテーブル同士の関係と必要なカラムを把握しやすくなります。**

リレーションシップの種類

リレーションシップには、以下の3種類があります（図5-11）。

- 1対多

  1対多は1つのデータに対して、複数のデータが関連している関係を表します。例えば1つの部署に対して複数の社員が存在している状態ですね。また、SNSユーザーとその投稿の場合も、1人のユーザーに対して複数の投稿が存在しているため、1対多の関係です。

- 多対多

  多対多は、1つのデータに対して複数のデータが関連しており、相手側もこちらの複数のデータと結びつけられている関係です。授業と学生の関係で例えると、1つの授業に対して複数の学生が受講、逆に1人の学生は複数の授業を受講している、という具合ですね。

- 1対1

  1対1は、あるデータに対して対応する1つのデータと結びつく関係です。例えばサイトに登録したユーザーアカウントとメール受信設定の情報は、1人のユーザーごとに、対応する情報が結びつきます。ただしテーブル設計時において1対1の関係は1つのテーブルにまとめられるので、特殊なケースに限って使われることが多いです。

図5-10　エンティティ同士の関係

エンティティ ・・・・・・・・・・・・・・・・・・・ エンティティ

エンティティ同士の結びつき

リレーションシップ

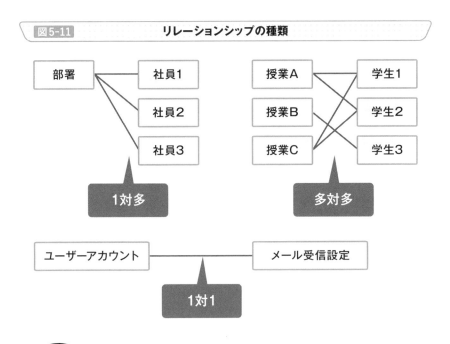

図5-11　リレーションシップの種類

部署	社員1
	社員2
	社員3

1対多

授業A	学生1
授業B	学生2
授業C	学生3

多対多

| ユーザーアカウント | メール受信設定 |

1対1

Point

 🖉エンティティ同士の結びつきのことを、リレーションシップと呼ぶ

 🖉リレーションシップには、1対多、多対多、1対1の3種類がある

» データ同士の関係を図で表す

データとその関係性を把握する手段

　ER図は、エンティティとリレーションシップを図で表したものです。厳密にいうとER図にもいくつか種類があって、必要に応じて概念モデル → 論理モデル → 物理モデルの3層に分けて作成します。概念モデルはより抽象化した図でシステムの全体像を広く把握することができ、物理モデルに近づくにつれて実際のデータベースの構築に必要な詳細な情報を記載します（図5-12）。

　ER図を用いなくてもデータベースの設計はできますが、これを見ることで**どんなデータがあって、データ同士がどのような関係かを一目で把握することができる**ようになりますので、必要に応じて作成しておくことで、データベース構築が円滑に進められるようになります。

　ER図は以下のようなプロセスで役立ちます（図5-13）。

- テーブル設計
　ER図はシステム全体のロジックや業務のしくみ、登場人物やモノを網羅的に表現することができます。そのためテーブル設計において漏れなく必要な要素を決定するのに役立ちます。
- 問題点の把握
　データベースに設計上の問題が起こっているとき、既存のデータベースの全体像を一目で把握することができ、問題点を特定して解決案を導くのに役立てることができます。

ER図を書く

　ER図はもちろん紙に書いてもいいですし、複数のメンバーで共有するのであれば**図を作成するソフトで描いて電子データとして残しておくと便利**でしょう。ER図を作成する専用のソフトもありますので、それを使う方法もあります。

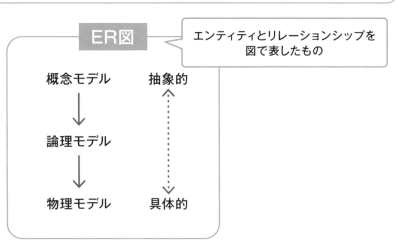

図5-12　　　　　　　　　　　ER図の概要

ER図 ── エンティティとリレーションシップを図で表したもの

概念モデル　　　抽象的

↓

論理モデル

↓

物理モデル　　　具体的

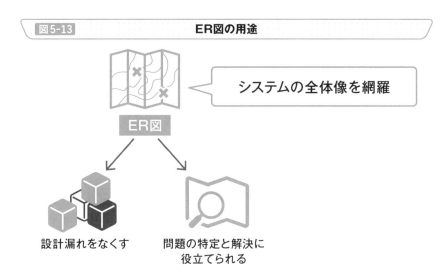

図5-13　　　　　　　　　　　ER図の用途

システムの全体像を網羅

ER図

設計漏れをなくす　　　問題の特定と解決に
　　　　　　　　　　　役立てられる

Point

✎ ER図は、エンティティとリレーションシップを図で表したもの

✎ ER図でデータベースの全体像を描くことができ、テーブル設計やデータベース上の問題点を特定するのに役立てられる

≫ ER図の表現方法

ER図の基本的な書き方

　ER図では、図5-14のようにエンティティと属性、リレーションシップを表します。ER図の記法によって詳細な部分の書き方は変わりますが、エンティティ名とそのエンティティが持つ属性をまとめて書き、関連するエンティティ同士を線でつなぐのが基本です。

　このときリレーションシップは、1対多、多対多、1対1のどの種類なのか区別できるようにします。図5-14では矢印の先を「多」として表しています。他にも記法によってさまざまな書き方が存在します。

　図5-15は、大学の講義の情報をER図にした例です。エンティティは「教員」と「講義」と「学生」が存在しています。教員は1人で複数の講義を担当していますが、1講義につくのは教員1人のため、「教員」と「講義」は一対多の関係です。また、1講義に対して複数の学生が受講しており、1人の学生は複数の講義を受講しているため、「講義」と「学生」は多対多の関係になっています。この関係を**文章にするとわかりづらいですが、このようにER図で表すことによって一目で把握することができるようになります。**

ER図の記法の種類

　ER図には用途に応じてさまざまな記法が考案されています。中でも有名なものとして IDEF1X記法やIE記法が挙げられ、図の書き方や表現できる内容が若干異なります。もし複数のメンバーで共有する場合はお互いに認識を合わせる必要があるため、**あらかじめ記法を決めておくのが無難で**しょう。

　どの記法であっても概念は同じなので、ここでは詳細な記述を省いて、おおまかにER図でどのような形でデータを表現するのかを解説しました。さらにER図についての詳細を知りたい場合は、これから使用する記法について学ぶと理解が深まるかと思います。

図5-14　　　　　　　　　　　　　**ER図の書き方**

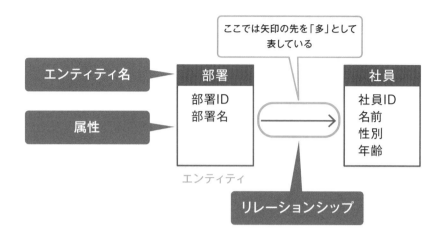

ここでは矢印の先を「多」として
表している

エンティティ名

属性

部署

部署ID
部署名

エンティティ

社員

社員ID
名前
性別
年齢

リレーションシップ

図5-15　　　　　　　　**大学の講義の情報をER図にした例**

教員

教員ID
教員名

1対多

講義

講義ID
教員ID
講義名

多対多

学生

学生ID
名前
性別
年齢

Point

- ER図は、エンティティ名と そのエンティティが持つ属性をまとめて書き、関連するエンティティ同士を線でつなぐのが基本
- ER図にはIDEF1X記法やIE記法など、用途に応じてさまざまな記法が考案されている

» ER図の種類

ER図の3つのモデル

5-7で解説したER図のモデルについて、具体的に解説します。

図5-16は、大学の講義の情報を保存するデータベースを設計するために、ER図のそれぞれのモデルを作成した例です。概念モデル、論理モデルの順に作成していき、最終的にデータベースで管理できる形式である物理モデルが出来上がります（ここでの書き方は一例）。

モデルの種類

概念モデルは3つのモデルの中で最も抽象的で、**モノ（エンティティ）や事象を大まかに整理し、データベースに必要な要素を広く見渡せるようにした図**です。このモデルではデータ構造はまだ意識する必要はありません。全体像の整理により、この後の工程に生かすことができます。

論理モデルは、**概念モデルをもとに、よりデータベースに保存されるデータ形式に近い形で詳細に落とし込んだ図**です。具体的には、概念モデルに属性やリレーションシップ（1対多、多対多、1対1）を追加していきます。図5-16では、「教員」というエンティティに「教員ID」や「教員名」の属性を追加しています。「講義」や「学生」のエンティティについても同様です。そして「教員」と「講義」のエンティティは1対多、「講義」と「学生」のエンティティは多対多の関係になっていることがわかるようにしてあります。

論理モデルからさらに詳細に落とし込んだ図が物理モデルです。**ER図における最終的なモデルで、ここで整理した内容は実際にデータベースによって管理できる形式**となります。論理モデルをもとに、実際のデータベースで適用するテーブルやカラムの名前、データ型を決めたり、必要な箇所に中間テーブル（**5-18**参照）を設けたりしていきます。図5-16でも、データベースとテーブルの名前を半角英数字に変換し、多対多を表現するために「members」という中間テーブルを設けています。

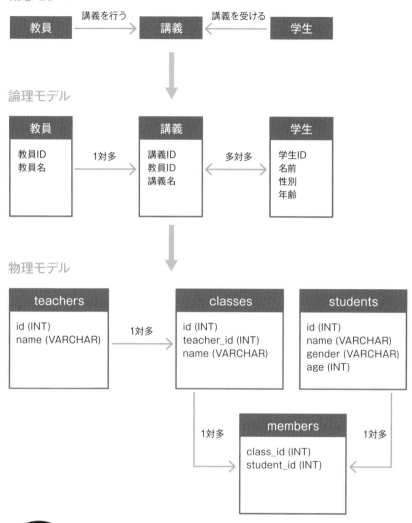

図5-16　大学の講義データベース設計におけるER図の例

概念モデル

| 教員 | —講義を行う→ | 講義 | ←講義を受ける— | 学生 |

論理モデル

| 教員 | | 講義 | | 学生 |

教員ID
教員名　1対多→　講義ID
教員ID
講義名　←多対多→　学生ID
名前
性別
年齢

物理モデル

| teachers | | classes | | students |

id (INT)
name (VARCHAR)　1対多→　id (INT)
teacher_id (INT)
name (VARCHAR)　　id (INT)
name (VARCHAR)
gender (VARCHAR)
age (INT)

members
class_id (INT)
student_id (INT)

1対多→　←1対多

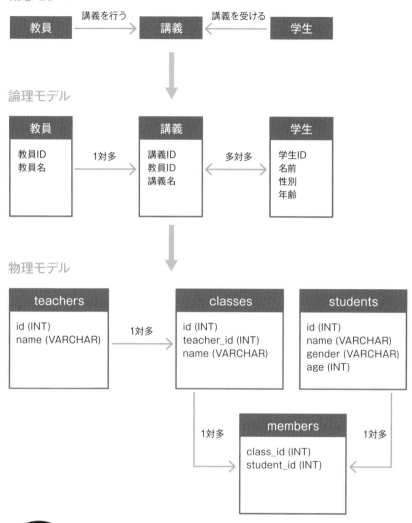

Point

- ER図は、概念モデル → 論理モデル → 物理モデルの順に作成していく
- 抽象的な概念モデルから作成し、最終的に実際にデータベースによって管理できる形式である物理モデルへ落とし込んでいく

第5章
ER図の種類

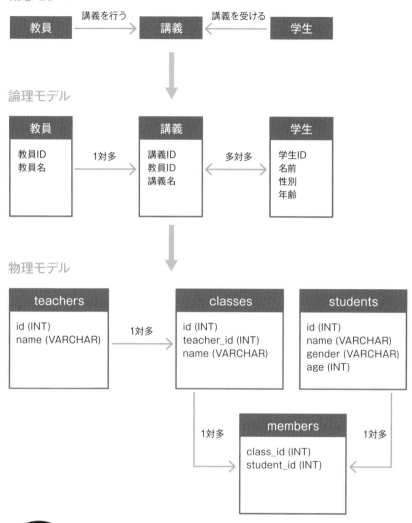

» データの形を整える

データを管理しやすい構造にする

正規化は一言でいうと、データベース内のデータを整理する手順のことです。図5-17のような商品の注文を管理するためのテーブルで考えてみましょう。図のようにデータを登録した後、りんごの価格に誤りがあって変更しなければならなくなりました。このとき、りんごの注文データ分だけそれぞれのデータを変更する必要があります。大量の注文が入っている場合は、すべてのデータを書き換えるのが面倒なうえ、修正漏れが起きてデータに矛盾が発生してしまうことが想像できます。別で価格を管理する専用のテーブルを設けておくことで、この問題を回避することができます。

正規化を行っておくことで、このような**ムダなデータの重複を減らすことができ、データを管理しやすい構造に整えることができます。**

正規化をするメリット

正規化には以下のようなメリットがあります（図5-18）。

- **データのメンテナンスがラクになる**
  同じデータが複数の箇所に散らばっていることがなくなるため、データを変更したい場合の修正が最小限になります。また修正漏れをなくせるので、データの矛盾を防ぐことができます。
- **データの容量を減らせる**
  ムダなデータの重複が減らせることで、保存に必要な領域を削減することにつながります。
- **データの汎用性が上がる**
  データを正規化して整理しておくことによって、他の複数のシステムとの連携や、データの移行が よりスムーズに行えるようになります。

図5-17 　　　　　　　　　　正規化を行う例

Aさん （りんご　150円 → 200円）

Aさん　みかん　100円

Bさん （りんご　150円 → 200円）

Cさん　いちご　300円

Cさん （りんご　150円 ……▸ 　　　　　）

りんご	150円
みかん	100円
いちご	300円

1つずつ修正すると
漏れが発生する

別で価格を管理する
専用のテーブルを設ける

図5-18 　　　　　　　　　　正規化のメリット

容量を減らせる

メンテナンス
しやすくなる

他の用途に
使いまわしやすくなる

Point

- 正規化は、データベース内のデータを整理する手順のこと
- 正規化を行っておくことで、ムダなデータの重複を減らすことができ、データを管理しやすい構造に整えることができる

≫ 項目を重複させないようにする

データベースに登録できる形にする第1正規形

正規化を行うときは、第1正規形、第2正規形……といったように段階をふんで行っていきますが、最初の段階である第1正規形の特徴は、**1つのデータの中で繰り返し出てくる項目が排除されている**ことです。

テーブルにデータを登録していくとき、縦方向にレコードを追加する形で登録していきますが、横方向の項目（カラム）については固定しておく必要があります。そのため、複数の同じ項目が出てくる場合は、カラムが足りずに登録できなくなってしまいます。

例えば商品をデータベースで管理する場合、同じ行に商品1の名前と価格、商品2の名前と価格、商品3の名前と価格……と増えていくようなデータの形では、データベース上で扱うことができません。そのためまずは第1正規形でデータベースに登録できる形にデータを変換していきます。

第1正規形の例

エクセルなどの表計算ソフトで学校の講義ごとにシートを作り、受講する学生を一覧で管理している場合を例にしてみます。これを1つの表に集めると、図5-19のようになりました。今の状態では1つの講義に対して、学生IDや学生名の項目が何度も出てきます。このように1行に対して同じ項目が繰り返し出てくる表のことを、非正規形と呼びます。

このままの状態ではデータベースで管理することが難しいため、1行の中に繰り返し出てきている学生の項目を、別の行として独立させます。その結果、図5-20のようになりました。1行あたりに出てくる学生は1人だけとなり、学生IDや学生名の項目が繰り返し出てくることはなくなりました。その分、同じ講義名が複数行にわたって出てくることになりますが、ここではこれで問題ありません。これが第1正規形です。

図5-19 　　　　　　　　　　　　　　非正規形の特徴

講義名	教員名	教員連絡先	学生ID	学生名
データベース	佐藤	090-***-***	1	田中
			2	山田
			3	斉藤
プログラミング	鈴木	080-***-***	2	山田
			4	遠藤

1行に対して同じ項目が
繰り返し出てくる

図5-20 　　　　　　　　　　　　　　第1正規形の例

講義名	教員名	教員連絡先	学生ID	学生名
データベース	佐藤	090-***-***	1	田中
データベース	佐藤	090-***-***	2	山田
データベース	佐藤	090-***-***	3	斉藤
プログラミング	鈴木	080-***-***	2	山田
プログラミング	鈴木	080-***-***	4	遠藤

1行ごとに独立させる

Point

🖉 第1正規形の特徴は、1つのデータの中で繰り返し出てくる項目が排除
　されていること
🖉 データを第1正規形にすると、データベースに登録できる形となる

》 別の種類の項目を分割する

データを管理しやすくする第2正規形

　テーブルの中には、値がわかると特定の行に絞り込めるカラムがあります。**そのカラムに対応して値が決まる従属関係のカラムがある場合は、それを別のテーブルに分離させます。**その結果を第2正規形といいます。

　図5-21のように商品の在庫を管理するテーブルの項目に店舗名、商品名、商品価格、在庫数がある場合、この項目のうち店舗名と商品名さえわかれば、1つのレコードに絞り込むことができます。そして、これらの項目に対応している項目を分離させますが、今回は商品名に対して価格が対応していますので、第2正規形のステップで別テーブルに分離させます。

　従属関係を取り除くことで、別の種類のデータを分けて管理することができます。例えば新商品が入荷したときに、商品名と価格をあらかじめ登録することが可能です。もし注文テーブルにまとめて商品情報を登録していたら、新商品が入荷しても注文がないと商品情報の登録ができませんし、**後から商品名を編集するときに複数のレコードの変更が必要になり、不整合が起きる可能性もあります。**第2正規形にすることによってこれらの問題点がなくなり、データを管理しやすい形に直すことができます。

第2正規形の例

　図5-22で考えると、レコードを1つに特定できるカラムは講義名と学生IDです。このうち講義名は教員名と教員連絡先に、学生IDは学生名と対応しています。これらの従属関係になっている項目を抜き出して別のテーブルに分離します。すると講義ごとの受講学生一覧テーブルと講義テーブルと学生テーブルができました。これが第2正規形です。

　これにより、講義や学生の情報を別で管理でき、まだ受講する学生が決まっていない講義や、まだ受講していない学生の情報もあらかじめ登録しておくことが可能になります。講義を担当する教員名を変更したいときは、講義テーブルの該当するレコード1つを編集するだけでよくなります。

図5-21 レコードを一意に定める項目の例

商品の在庫を管理するテーブル

店舗名	商品名	商品価格	在庫数
A支店	りんご	200	3
A支店	いちご	300	5
B支店	りんご	200	2
B支店	みかん	100	3
C支店	いちご	300	1

A支店のいちごの在庫は5

C支店のいちごの在庫は1

店舗名と商品名がわかると特定の1行に絞り込める

図5-22 第2正規形の例

レコードを1つに特定できるカラム

従属関係

従属関係

講義名	教員名	教員連絡先	学生ID	学生名
データベース	佐藤	090-****-****	1	田中
データベース	佐藤	090-****-****	2	山田
データベース	佐藤	090-****-****	3	斉藤
プログラミング	鈴木	080-****-****	2	山田
プログラミング	鈴木	080-****-****	4	遠藤

講義名	学生ID
データベース	1
データベース	2
データベース	3
プログラミング	2
プログラミング	4

講義名	教員名	教員連絡先
データベース	佐藤	090-****-****
プログラミング	鈴木	080-****-****

学生ID	学生名
1	田中
2	山田
3	斉藤
4	遠藤

レコードを1つに特定できるカラムと従属関係に
なっているものを別のテーブルに分ける

Point

- 第2正規形は、第1正規形からレコードを一意に定める要素に関連する
データを分けたもの
- 第2正規形にすると、別の種類のデータを分けて管理することができ、
データの登録や編集が行いやすくなる

153

》従属関係にある項目を分割する

不整合を防ぐ第3正規形

　第2正規形では、行を1つに特定できるカラムと従属関係になっているものを別のテーブルに分離させました。第3正規形にするときは、ここからさらにそれ以外の従属関係になっているカラムを別テーブルに分けます。

　第2正規形のときと同様に、**従属関係を取り除くことで同じデータが複数のレコードにまたがって登録されるのを防ぐことができ、後から情報を編集するときに、1つの値を変えれば他の対応しているデータすべてにそれが反映される**ようになります。そのためデータの不整合が起きるのを防ぐことができます。

第3正規形の例

　5-12の第2正規形のテーブルでだいぶ整理できましたが、ここからさらに分離できるテーブルがないか探します。講義テーブルを見ると、教員名の値が決まると教員連絡先も定まるという従属関係になっています。これらの2つの項目は、別テーブルに分けることができます（図5-23）。

　このようにすると教員の情報を別個にして管理することができ、例えば教員連絡先を変更したいときは、たとえ教員が複数の講義を担当している場合であっても該当するレコードを編集するだけでよくなります。

正規化するときの補足

　第3正規形に置き換えた図5-23では、もし同じ名前の教員がいた場合、教員テーブルに教員名が同じ値のレコードが複数できてしまい、見分けがつかなくなってしまいます。そのため別で新しく教員IDカラムを作成し、講義テーブルでは教員名ではなく教員IDカラムを設けて紐付けすると、このような問題を防ぐことができます。講義テーブルでも同様にして講義IDを設けると、図5-24のようになります。

図5-23　　　　　　　　　　　　　第3正規形の例

従属関係

講義名	学生ID
データベース	1
データベース	2
データベース	3
プログラミング	2
プログラミング	4

講義名	教員名 ←→	教員連絡先
データベース	佐藤	090-****-****
プログラミング	鈴木	080-****-****

学生ID	学生名
1	田中
2	山田
3	斉藤
4	遠藤

講義名	学生ID
データベース	1
データベース	2
データベース	3
プログラミング	2
プログラミング	4

講義名	教員名
データベース	佐藤
プログラミング	鈴木

教員名	教員連絡先
佐藤	090-****-****
鈴木	080-****-****

学生ID	学生名
1	田中
2	山田
3	斉藤
4	遠藤

> 従属関係になっている
> ものをさらに別のテー
> ブルに分ける

図5-24　　　　　　　　　　　　各テーブルにIDを設けた例

講義ID	学生ID
1	1
1	2
1	3
2	2
2	4

講義ID	講義名	教員ID
1	データベース	1
2	プログラミング	2

教員ID	教員名	教員連絡先
1	佐藤	090-****-****
2	鈴木	080-****-****

学生ID	学生名
1	田中
2	山田
3	斉藤
4	遠藤

> IDカラムを追加して
> 同じ名前のレコードを区別できるようにする

Point

🖉 第3正規形は、第2正規形からさらに従属関係にあるデータを分けたもの

🖉 第3正規形にすると、従属関係がなくなり、データの不整合が起きるの
を防ぐことができる

第**5**章

従属関係にある項目を分割する

155

≫ カラムに割り当てる設定を決める

カラムのデータ型、制約、属性を決める

　データを保存するのに必要なカラムを決めたら、今度はそれぞれのカラムに割り当てるデータ型や制約、属性を決める必要があります。

　まずデータ型については、カラムごとに保存する値のフォーマットに応じて、数値型、文字列型、日付型などを割り当てる必要があります。

　また、制約や属性については、初期値を入れるか、データが空の状態を許可しないようにするか、他のレコードと同じ値を入れられないようにするか、自動で連番を格納するか、主キーや外部キーにするか、などの観点からカラムに割り当てる設定を決めていきます（データ型や制約の種類については第4章参照）。

カラムの設定を割り当てる例

　図5-25は、カラムの設定を割り当てた例です。

　それぞれのテーブルにある講義ID、教員ID、学生IDは主キーとし、自動的に連番を割り当てることによって、レコードを一意に絞り込めるようにするためのカラムとしてあります。

　そして講義名や教員名、学生名などのカラムについては、空欄で保存されないようにするため、空の状態を許可しない設定を追加してあります。

　他のテーブルの値に紐付くカラムについては外部キーにしておくことで、参照元のテーブルに存在しない値を保存できないようにしてあります。

　ちなみに教員連絡先は数字の羅列が保存されることを考慮して、数値型としてあります。ハイフン（-）も入れて保存させたいなど、場合によっては文字列型にすることもあるでしょう。

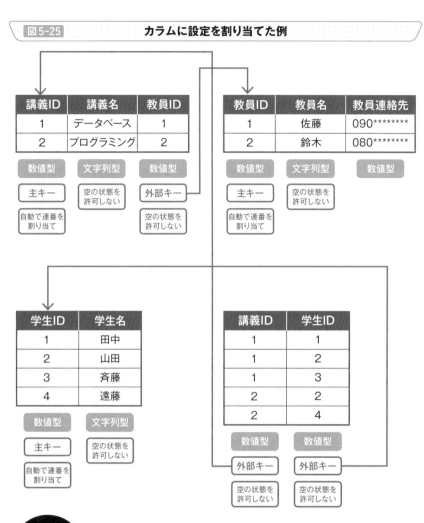

図5-25　カラムに設定を割り当てた例

講義ID	講義名	教員ID
1	データベース	1
2	プログラミング	2

数値型　文字列型　数値型

主キー　空の状態を許可しない　外部キー

自動で連番を割り当て　　空の状態を許可しない

教員ID	教員名	教員連絡先
1	佐藤	090********
2	鈴木	080********

数値型　文字列型　数値型

主キー　空の状態を許可しない

自動で連番を割り当て

学生ID	学生名
1	田中
2	山田
3	斉藤
4	遠藤

数値型　文字列型

主キー　空の状態を許可しない

自動で連番を割り当て

講義ID	学生ID
1	1
1	2
1	3
2	2
2	4

数値型　数値型

外部キー　外部キー

空の状態を許可しない　空の状態を許可しない

Point

- 必要なカラムを決めたら、今度はそれぞれのカラムに割り当てるデータ型や制約、属性を決める
- データ型については、保存する値のフォーマットに応じて数値型、文字列型、日付型などを割り当てる
- 制約や属性については、初期値、空のデータや重複データを許可するか、連番を割り当てるか、主キーや外部キーにするか、などの観点から設定を決める

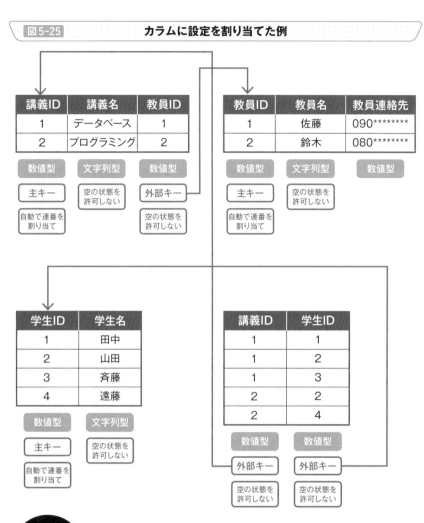

第5章　カラムに割り当てる設定を決める

157

» テーブルやカラムの名前を決める

わかりやすいテーブル名やカラム名

テーブルやカラムの名前は英数字を使うのが主流です。日本語で作成すると環境によっては動作しなかったり、不用意なエラーが発生することも考えられますので、**理由がない限りは英数字でつけておくのが確実**です。

他にもテーブル名やカラム名をつけるときの命名規則や、わかりやすい名前を付けるコツを以下にまとめました。これが正解というものではないので、必要に応じて参考にしてみてください（図5-26）。

- テーブル名やカラム名には半角英数字とアンダーバーのみを使う
- 大文字を使わず、すべて小文字に統一し、最初の文字に数字は使わない
- テーブル名は複数形にする
- 他の人が見てわかりやすい名前にする（略語を避けるなど）
- 他のテーブルの主キーとjoinするためのカラムは「テーブル名（単数系）_id」に統一する（user_id, item_id など）
- カラムになんの種類の値が保存されているかわかるようにする（BOOLEAN型の場合は「is_○○○」、日時の場合は「○○○_at」など）
- カラム名に「○○○_flag」は避ける（例えば「delete_flag」ではなく「is_deleted」とすると、true のときが削除された状態だとわかる）

シノニムやホモニムは避ける

シノニムは別の名前なのに同じ意味を持つ言葉のことで、例えば商品を示す言葉として「item」や「product」がありますが、どちらかに統一しましょう。同じ種類のデータだとわかるので混乱せずにすみます。

また、同じ名前なのに別の意味を持つ言葉をホモニムといいます。販売者と購入者を保存する必要があったときに、どちらも「user」という名前をつけると、区別できなくなってしまい混乱のもととなります。このような場合は「seller」や「buyer」などの名前が考えられます（図5-27）。

図5-26	テーブルやカラムの名前をつけるときのポイント

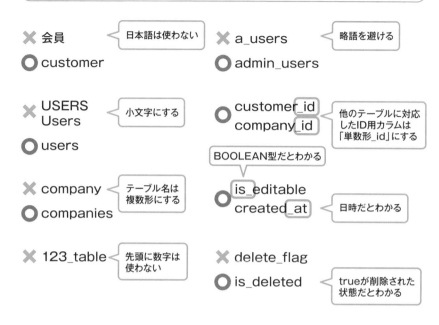

✕ 会員 ── 日本語は使わない
◯ customer

✕ a_users ── 略語を避ける
◯ admin_users

✕ USERS
　Users ── 小文字にする
◯ users

◯ customer_id
　company_id ── 他のテーブルに対応したID用カラムは「単数形_id」にする

✕ company ── テーブル名は複数形にする
◯ companies

BOOLEAN型だとわかる
◯ is_editable
　created_at ── 日時だとわかる

✕ 123_table ── 先頭に数字は使わない

✕ delete_flag
◯ is_deleted ── trueが削除された状態だとわかる

図5-27	シノニムとホモニムの意味

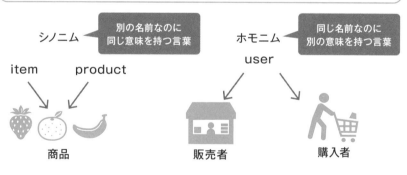

シノニム ── 別の名前なのに同じ意味を持つ言葉

item　product

商品

ホモニム ── 同じ名前なのに別の意味を持つ言葉

user

販売者　購入者

Point

🖋 テーブルやカラムの名前は英数字を使うのが主流
🖋 名前をつけるときの命名規則を決めておき、統一させるようにする
🖋 他の人が見ても保存されている値が理解できるような名前にする

第5章 テーブルやカラムの名前を決める

5-16

本のレビューサイトのテーブルを設計する例① 〜完成後のイメージ〜

本のレビューサイトに必要な機能を考える

本のレビューサイトで使うテーブルを設計してみましょう。**まず必要な機能を整理し、完成後のシステムのイメージを把握する**必要があります。以下は要件の洗い出しを行った一例です（図5-28）。

おもな機能
- サイトの利用者はアカウントを登録する必要がある
- まだ登録を行っていないユーザーは、新規登録ページから登録できる
- 本の一覧ページでは、新しく登録された順に本のタイトルが確認できる
- 本のタイトルをクリックすると、本の詳細ページに進める
- 本の詳細ページで、その本をお気に入りに追加できる
- お気に入りにした本はお気に入り一覧ページで確認できる
- 本の詳細ページで、ユーザーが投稿したレビューの確認ができる
- ユーザーは新しくレビューを追加することができる
- ユーザー名をクリックすると、そのユーザーの詳細情報が確認できる

必要なページ
- ログイン
- 新規登録
- 本の一覧
- お気に入り一覧
- 本の詳細とレビュー一覧
- ユーザー詳細
- レビュー投稿

詳細な仕様
- 本・レビュー一覧はそれぞれ新しく登録・投稿された順に表示する
- 会員登録時にはユーザー名、パスワード、自己紹介を記入してもらう

図5-28　本のレビューサイトの概要

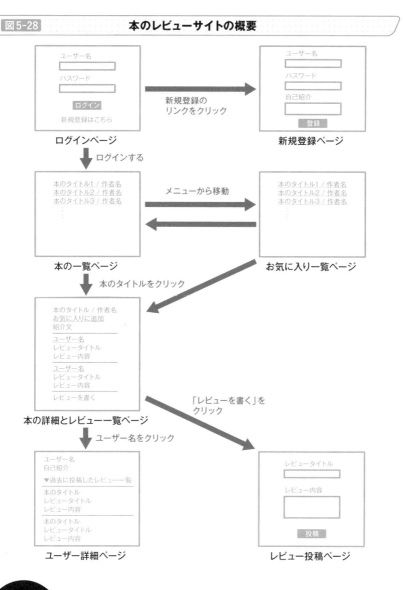

ログインページ

新規登録ページ

本の一覧ページ

お気に入り一覧ページ

本の詳細とレビュー一覧ページ

ユーザー詳細ページ

レビュー投稿ページ

新規登録の
リンクをクリック

ログインする

メニューから移動

本のタイトルをクリック

「レビューを書く」を
クリック

ユーザー名をクリック

Point

🖉 データベースを設計する際には、まずどのような機能が必要なのかを文章や図で整理しておく

🖉 他の人が見ても完成後のイメージがわかるようにしておく

» 本のレビューサイトのテーブルを設計する例② ～データの関係性を把握～

本のレビューサイトにおけるエンティティと属性

どのようなデータをデータベースに保存するか整理するため、**5-16**で洗い出した要件をもとに、エンティティや属性の抽出をします。その結果は図5-29のようになりました。

ページ上で登場する人物やモノをエンティティとして抽出しますが、今回は「ユーザー」と「本」と「レビュー」が挙げられます。また属性として、エンティティに付随するページ上で入力したり出力したりする情報を挙げていきます。例えばユーザーの属性として、登録時に入力されるユーザー名やパスワード、自己紹介の情報があります。その他に、ページ上では新しく登録された本の順に表示する機能があるので、本の属性として登録日も追加しました。このように**ページ上の機能で用いる必要のある情報も記載**していきます。

ER図で表す

書き出したエンティティと属性をER図で表すと、図5-30のようになりました。1人のユーザーは複数のレビューを投稿できるので、「ユーザー」と「レビュー」は1対多の関係になります。また、1冊の本に対して複数のレビューが投稿されるので、「本」と「レビュー」は1対多の関係になります。お気に入り機能では1人のユーザーが複数の本をお気に入りにでき、1冊の本は複数のユーザーからお気に入りにされるので、「ユーザー」と「本」は多対多の関係となります。

このようにER図で表すことで、一目でエンティティとそれに付随する属性、そしてリレーションシップが把握でき、テーブル設計に生かすことができます。

今回は簡単にER図を紹介するためリレーションシップを矢印で表しましたが、記法によって書き方が異なるので注意しましょう。

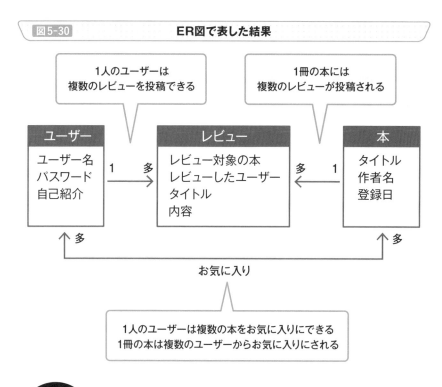

図5-29　エンティティと属性を抽出した結果

エンティティ

ユーザー	本	レビュー

属性

ユーザー名　　タイトル　　　レビュー対象の本
パスワード　　作者名　　　　レビューしたユーザー
自己紹介　　　登録日　　　　タイトル
　　　　　　　　　　　　　　　内容

図5-30　ER図で表した結果

1人のユーザーは
複数のレビューを投稿できる

1冊の本には
複数のレビューが投稿される

ユーザー
ユーザー名
パスワード
自己紹介

1　多

レビュー
レビュー対象の本
レビューしたユーザー
タイトル
内容

多　1

本
タイトル
作者名
登録日

多　　　　　　　　　　　　　　　　　多

お気に入り

1人のユーザーは複数の本をお気に入りにできる
1冊の本は複数のユーザーからお気に入りにされる

Point

- 要件をもとに、エンティティや属性を抽出する
- システムで登場する人物やモノをエンティティとして抽出し、それに付随する必要な情報を属性として挙げていく
- ER図で表すことで、一目でエンティティと属性、リレーションシップが把握でき、テーブル設計に生かすことができる

≫ 本のレビューサイトのテーブルを設計する例③ ～必要なテーブルの決定～

ER図をもとにテーブルを考える

5-16で整理した要件や、**5-17**で作成したER図（図5-30）などの内容をふまえて、必要なテーブルやカラムを決めるテーブル定義を行っていきます。その途中経過が図5-31のようになりました。

今回の場合はER図とほぼ同様の形でユーザー、レビュー、本を保存するテーブルを設けます。ここでもし必要であれば正規化を行い、テーブルの分離なども検討します。それぞれのテーブルにはレコードを識別するための「id」カラムも設けました。

また、ユーザーとレビューは1対多の関係になっており、多にあたるレビューのテーブルに、レコードを紐付けるためのカラムとして「ユーザーID」を設けておく必要があります。同様にして、本とレビューテーブルを紐付けるためにレビューテーブルに「本ID」カラムを設けてあります。

多対多をテーブルで表す

図5-30の他にも必要なテーブルがまだあります。図5-30で表したER図では、お気に入り機能のためにユーザーと本は多対多の関係にありました。このような関係をテーブルで表現するために、図5-32のようにお気に入りテーブルも追加する必要があります。

ユーザーと本のテーブルの間にお気に入りテーブルを新たに設け、**両者のテーブルのIDを格納するカラムを設けると、両者のテーブルを関連付ける**ことができます。このような役割のテーブルのことを中間テーブルと呼びます。

これで1人のユーザーから複数の本、1冊の本から複数のユーザーとの紐付けができ、多対多を実現することができます。

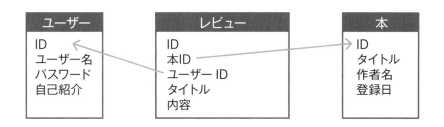

図5-31 必要なテーブルとカラムを抽出する

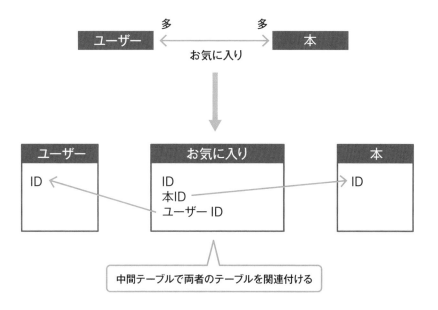

図5-32 多対多の関係をテーブルで表した結果

中間テーブルで両者のテーブルを関連付ける

Point

🖉 整理した要件やER図をもとにして、必要なテーブルやカラムを決める

🖉 必要があれば正規化を行う

🖉 多対多の関係を表すときは、中間テーブルを用いる

» 本のレビューサイトのテーブルを設計する例④ ～テーブル・カラムを整える～

テーブル・カラムの設定や命名規則を揃える

必要なテーブルやカラムが定まったら、**5-14**で解説したようにカラムに割り当てるデータ型や制約、属性を決定します。さらに**5-15**のようにテーブルやカラムの名前を整えると、図5-33のようになりました。

それぞれのテーブルに設けた「id」カラムは他のレコードの値と重複しないように主キーとし、自動的に連番を割り当てるようにしました。また、他のテーブルと関連付けるためのIDを格納するカラムは「テーブル名（単数系）_id」に統一し、外部キーとしてあります。また、booksテーブルの登録日を保存するカラムは、日付が格納されるカラムであることがわかるように「○○○_at」としてあります。

データベース設計の知識を活用するために

以上で本のレビューサイトのテーブルを設計することができました。ここでは円滑に設計を進めたり、効率のよいデータ構造を理解するために、いくつかのステップに分けて設計手順を紹介しましたが、**小規模なデータベースであれば途中のステップを省略したり、慣れてくると第1正規形、第2正規形……といったことを意識しなくても、自然と正規化されたテーブル設計ができるようになっていく**こともあるでしょう。

ここで紹介した手順や図は、あくまでテーブル設計の手段の1つですので、基本が理解できるようになったら、プロジェクトの規模や作成するシステム、自身のスキルに応じて使い分けるようにしていきましょう。

図 5-33　　テーブル定義を行った結果

users

id	数値型	主キー	自動で連番を割り当て
name	文字列型	空の状態を許可しない	
password	文字列型	空の状態を許可しない	
biography	文字列型		

books

id	数値型	主キー	自動で連番を割り当て
title	文字列型	空の状態を許可しない	
author_name	文字列型	空の状態を許可しない	
created_at	日付型	空の状態を許可しない	

reviews

id	数値型	主キー	自動で連番を割り当て
book_id	数値型	空の状態を許可しない	外部キー
user_id	数値型	空の状態を許可しない	外部キー
title	文字列型	空の状態を許可しない	
comment	文字列型	空の状態を許可しない	

favorites

id	数値型	主キー	自動で連番を割り当て
book_id	数値型	空の状態を許可しない	外部キー
user_id	数値型	空の状態を許可しない	外部キー

Point

- 必要なテーブルやカラムが定まったら、カラムに割り当てるデータ型や制約、属性を決め、名前を整える
- プロジェクトの規模や作成するシステム、自身のスキルに応じて設計手段を使い分ける

やってみよう

データベースを正規化してみよう

以下は、ケーキ屋さんでの予約情報をまとめた表です。これを正規化して、テーブルを分けて管理するようにデータベースの構成を変更してみましょう。

顧客名	顧客住所	配達日	配達担当者	配達担当者連絡先	商品名	価格	注文数
山田	東京都渋谷区	10/1	遠藤	090-****-****	ショートケーキ	200	2
					チーズケーキ	250	1
					モンブラン	300	1
鈴木	東京都新宿区	10/2	遠藤	090-****-****	チーズケーキ	250	3
					モンブラン	300	2
山田	東京都渋谷区	10/5	佐々木	080-****-****	ショートケーキ	200	3
					チーズケーキ	250	2
佐藤	東京都世田谷区	10/5	佐々木	080-****-****	チーズケーキ	250	3

回答例

注文テーブル

id	顧客id	配達日	配達担当者id
1	1	10/1	1
2	2	10/2	1
3	1	10/5	2
4	3	10/5	2

注文商品テーブル

注文id	商品id	注文数
1	1	2
1	2	1
1	3	1
2	2	3
2	3	2
3	1	3
3	2	2
4	2	3

顧客テーブル

id	顧客名	顧客住所
1	山田	東京都渋谷区
2	鈴木	東京都新宿区
3	佐藤	東京都世田谷区

商品テーブル

id	商品名	価格
1	ショートケーキ	200
2	チーズケーキ	250
3	モンブラン	300

配達担当者テーブル

id	配達担当者	配達担当者連絡先
1	遠藤	090-****-****
2	佐々木	080-****-****

データベースを運用する

～安全な運用を目指すために～

≫ データベースを置く場所

自社の設備か、外部のシステムを利用するか

データベースを運用する方法として、オンプレミスとクラウドがあります。

オンプレミスは、**自社の設備でデータベースを運用する**方法です。サーバや回線を社内で調達してシステムを構築します。当初はこの運用方法が主流でしたが、後に登場したクラウドと区別するためにオンプレミスという言葉が使われるようになりました。

一方クラウドは、**インターネットを介して外部のデータベースシステムを利用する**方法です。オンプレミスのように自社で設備を抱える必要がなく、外部の事業者によってあらかじめ用意されているシステムを利用します（図6-1）。

コストやセキュリティ面の違い

オンプレミスの場合は自社内で設備を調達し、運用を行います。そのため機器を選んで購入したり、セットアップを行ったり、障害対応をしたりと何から何まで自分たちで必要な作業を行わなければならず、手間がかかります。また導入時には設備を購入するための費用や運用時の電気代、保守費用がかかるため、コストがかさみやすいという特徴があります。その代わり、自由にカスタマイズできるため、要望に合わせてシステムを柔軟に変更することができます。また、自社内で使うシステムは外部と接続する必要がないため、セキュリティ面で有利です。

一方、クラウドは事業者によって提供されているシステムを利用するため、運用にかかる手間を最小限に減らすことができます。また、設備を自社で用意する必要がなく、費用は利用した分だけを支払うので、初期費用や運用面のコストを減らせることもあります。ただ、ネットワークを介するためセキュリティ面を考慮する必要があり、カスタマイズはサービスの範囲内でしかできないというデメリットもあります（図6-2）。

| 図6-1 | オンプレミスとクラウドの意味 |

自社

自社内でデータベースを
運用するのが
オンプレミス

自社　　　　事業者

インターネット

インターネットを介して
事業者が提供している
データベースを使うのがクラウド

| 図6-2 | オンプレミスとクラウドの特徴 |

	オンプレミス	クラウド
費用	設備代や電気代、保守費用がかかるので高額になりやすい	事業者によって変わるが、より安価になることがある
導入や運用にかかる手間	すべて自社内で行う	ある程度は事業者に任せられる
セキュリティ	自社内でのみ使う場合は外部との接続がない分安全	オンライン上にある分危険度は上がる
カスタマイズの自由度	要望に合わせて自由にカスタマイズできる	事業者によって用意されているプランのみ

Point

📝 オンプレミスは自社の設備でデータベースを運用する方法で、クラウドはインターネットを介して外部のデータベースシステムを利用する方法

📝 オンプレミスは導入や運用に費用がかかるが安全で自由度がある一方、クラウドは最小限の手間とコストで導入や運用が実現できる

自社でデータベースサーバを管理する際の注意点

オンプレミスで注意すること

オンプレミスの方式で運用する場合は、**システムの導入や運用をすべて自社で行う**必要があります。そのため、**7-1**のような物理的脅威に備えるために注意しておくこととして、以下のような点が挙げられます（図6-3）。

❶停電に備える

電源が断たれてしまうとシステムは完全にストップしてしまいます。そのため停電に備えて、無停電電源装置（UPS）や非常用の自家発電装置などを検討する必要があります。

❷外部からの攻撃に備える

使用しているOSやソフトウェアの脆弱性を突いて、ウイルスによる不正なアクセスや攻撃が行われるケースがあります。日々最新の修正プログラムやパッチを適用したり、ウイルスソフトの導入を検討したりします。

❸コストを見積もる

オンプレミスの場合はシステムの導入や運用をすべて自社で行うことになるため、コストがかかる場面は多岐にわたります。例えばサーバやソフトウェア、ライセンスの購入費用や、運用を行う技術者の採用、セキュリティ対策の費用や電気代、機器が故障したり古くなったりした際の交換費用など、あらかじめ整理しておく必要があるでしょう。

図6-3	オンプレミスでのリスクと対策例

非常時のための電源対策を行う

停電でシステムが止まる

最新のプログラムやパッチを
適用しておく

外部からの不正な攻撃

コストをあらかじめ
整理しておく

コストが多岐にわたる

Point

- オンプレミスの場合は、システムの導入や運用をすべて自社で行う必要があるため、さまざまなリスクを想定して対策しておく必要がある
- システムを運用するうえで起こりうるリスクには、停電や災害、外部からの攻撃、盗難などがある

》 データベース運用に かかるコスト

初期費用と維持費用

データベースにかかる費用には、大きく分けて**イニシャルコスト**と**ランニングコスト**があります（図6-4）。

イニシャルコストは初期費用のことで、**データベースを導入するときにかかる費用**です。設備の購入費や、商用データベースやクラウドサービスを利用する際に最初に支払う必要のある費用がこれにあたります。

ランニングコストは、データベース導入後に**毎月かかる費用**のことです。オンプレミスであれば電気代、商用データベースやクラウドサービスであれば事業者へ毎月支払う利用料や保守にかかる人件費などがこれにあたります。

イニシャルコストが安いという理由でデータベースの種類や運用方式を判断してしまうと、後々ランニングコストがかさむことになり、結果的に割高になってしまうこともあるので注意しましょう。

データベースにかかるさまざまな費用の例

データベースは運用方法や種類によってかかる費用がさまざまなので一概にはいえませんが、ここではよくある費用の例を紹介します（図6-5）。

- オンプレミスの場合
  イニシャルコストとしてサーバやラックなど設備の購入費用と、ランニングコストとして電気代や人件費などがかかります。セキュリティや障害対策のための費用が必要となってくることもあるでしょう。
- クラウドサービスを利用する場合
  初期費用と毎月固定の利用料がかかるサービスの他、時間単位で使った分だけ課金される従量課金方式のサービスもあります。
- 商用データベースを使う場合
  ライセンス料やサポート費としての請求が多く、データベースの規模やユーザー数、オプションにより価格や請求時期はさまざまです。

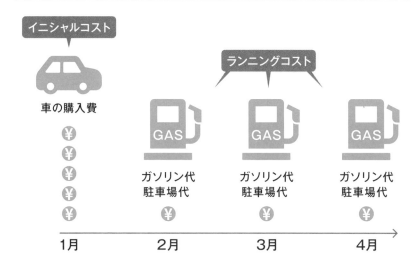

図6-4　イニシャルコストとランニングコスト

図6-5　データベースにかかる費用の例

Point

- イニシャルコストは最初にデータベースを導入するときにかかる費用で、ランニングコストはデータベース導入後に毎月かかる費用
- イニシャルコストだけで判断してしまうと、後々ランニングコストがかさむことで割高になってしまうこともあるので注意

≫ ユーザーによって アクセスできる範囲を変える

ユーザーと権限を設定する

　データベースでは、**ユーザー**を作成して、そのユーザーがデータベースに対してどのような操作を行えるようにするかといった**権限**を割り当てられる機能があります（図6-6）。

　権限にはデータベースの作成・削除、テーブルの作成・編集・削除、レコードの追加・編集・削除の他、データベース全体に関わるシステム操作の権限などさまざまな種類があります。これらの権限は**データベースごと、テーブルごと、カラムごとのように範囲を指定する**こともできます。

　この機能によって、データベースに関わるメンバーに対して必要のない操作を行えないようにしておくことが可能になります。もしデータベースに関わるメンバー全員にすべての権限を開放して、どのような操作でもできるようになっていた場合、内容を熟知していないメンバーが誤って大切なデータを消してしまったり、想定していなかったメンバーに機密データを見られてしまう恐れがあります。適切に権限を設定することで、データベースを安全に管理することができるようになります。

権限を設定する例

　例えば店長、社員、アルバイトといったユーザーでお店のデータベースを管理している場合の権限設定の例が図6-7になります。この例では店長はすべての操作を行えますが、社員はテーブルへのレコード追加はできず、従業員一覧テーブルについては操作権限はありません。アルバイトは商品テーブルと購入履歴テーブルの情報のみ閲覧することができます。

　このようにして**各ユーザーの業務で使用する必要のある操作以外は実行できないようにしておく**ことが、不用意な事故の防止につながります。

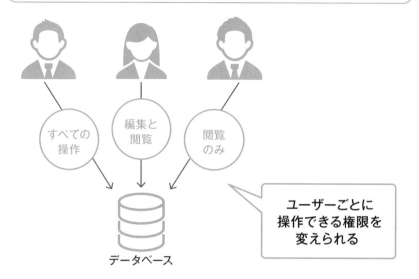

図6-6　ユーザーごとに権限を設定

すべての操作

編集と閲覧

閲覧のみ

データベース

ユーザーごとに
操作できる権限を
変えられる

図6-7　お店のデータベースにおける権限設定の例

	店長	社員	アルバイト
商品テーブル	追加・編集・閲覧	編集・閲覧	閲覧
購入履歴テーブル	追加・編集・閲覧	編集・閲覧	閲覧
売上集計テーブル	追加・編集・閲覧	編集・閲覧	－
従業員一覧テーブル	追加・編集・閲覧	－	－

Point

- ユーザーごとにデータベースの操作権限を割り当てることができる
- 各ユーザーが必要な操作以外は実行できないようにしておくことで、不用意な事故を防ぐことができる

≫ データベースを監視する

データベースを監視する

　データベースに異常が発生したり動作が停止したりすると、データベースを使用している業務やサービスを停止しなければならなくなってしまいます。**データベースを日頃から監視しておくことで、問題に素早く気づき、迅速な対応ができる**ようになります。またデータベースの監視をしていることで、トラブルの兆候も早期に発見でき、問題が起きる前にメンテナンスを行っておくことも可能になります（図6-8）。

　データベースを監視する方法としては、データベース管理システムに標準で用意されている機能を使う他、市販の監視ツールを導入する方法や、自前で作成するといった手段が考えられます。

さまざまな監視対象の項目

　データベースの監視対象項目の例を以下に挙げます（図6-9）。

● データベースを操作した履歴

　データベースの管理者が、いつどのような操作を行ったかを記録しておきます。問題が起こった際には内部でデータベースに対して不正な操作がなかったか確認することができます。

● クエリのログ

　データベースに対して実行されたSQLの履歴がログです。これを残しておくことで、障害対応などで利用することができます。データベース管理システムによって、実行に時間のかかるSQLを出力するスローログや、発生したエラーを出力するエラーログなどもあります。

● サーバのリソース

　データベースが置いてあるサーバに問題が発生する場合もあります。CPUやメモリ、ネットワーク帯域、ディスクの空き容量などリソースに異常がないかチェックしておきましょう。

図6-8 データベースの監視

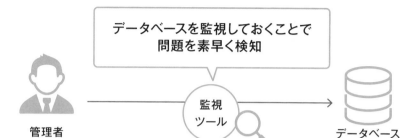

データベースを監視しておくことで
問題を素早く検知

管理者 　 監視ツール 　 データベース

図6-9 データベースの監視対象項目の例

データベースを操作した履歴

 Aさんが○○の設定を変更
 Bさんがデータベースに接続
 Bさんがデータベースを再起動
 Cさんがデータベースのバックアップデータを取得

クエリのログ

```
SELECT * FROM items WHERE status = 2;
UPDATE items SET price = 300 WHERE id = 5;
SELECT COUNT(*) FROM users;
SELECT * FROM users WHERE status = 1;
```

データベース

サーバのリソース

 CPU 　 メモリ 　 ディスク容量

Point

🖊 データベースを監視しておくことで、素早くトラブルに気づき、迅速に
　 対応できるようにすることができる
🖊 データベースの監視には、標準の機能や市販の監視ツールなどを用いる

》 定期的に現在のデータを 記録しておく

データ破損に備えてバックアップする

　データベースは常にデータ破損の危険と隣り合わせです。例えば操作するロジックのバグでデータに矛盾が生じたり、操作ミスでデータが消えてしまうことがあります。また、物理的に機器が壊れてしまうと中のデータが復旧できなくなってしまいます。このような場合に備えてデータを複製しておくことをバックアップといい、もしデータが破損してしまっても、**バックアップファイルからデータの復旧**ができます（図6-10）。

バックアップ方式の分類

　バックアップは以下のような方式があります（図6-11）。

● フルバックアップ

　　すべてのデータのバックアップを取る方法で、その時点のデータを後から完全に復旧することができます。ただし大量のデータを取得するため処理に時間がかかることや、システムに負荷がかかるため、バックアップの頻度が多いケースには不向きです。

● 差分バックアップ

　　フルバックアップ後に**追加された変更分をバックアップする**方法です。データ復旧の際は、最初のフルバックアップと最新の差分バックアップの2つのファイルを使って復旧します。変更分だけのバックアップなので、処理の時間が短く、システムへの負担が少なくすみます。

● 増分バックアップ

　　フルバックアップ後の変更分をバックアップする方法で差分バックアップと似ていますが、**さらにバックアップを行うときは、前回のバックアップ以降の変更分のみを行う**やり方です。よりシステムに負担をかけませんが、データ復旧時にこれまでのすべてのファイルが必要なため、1つでもファイルが欠けていると復旧できません。

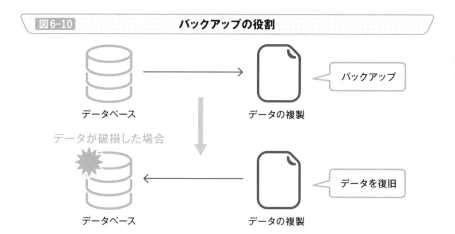

図6-10　バックアップの役割

図6-11　バックアップ方式の分類

フルバックアップ
1月1日
1月2日
1月3日
すべてのデータをバックアップ

差分バックアップ
1月1日
1月2日
1月3日
最初のフルバックアップ後に追加されたデータをバックアップ

増分バックアップ
1月1日
1月2日
1月3日
前回のバックアップ後に追加されたデータをバックアップ

☐ 全体のデータ　■ バックアップするデータ

Point

- データ破損に備えてデータの複製を作成しておくことをバックアップという
- バックアップ方式には、フルバックアップ、差分バックアップ、増分バックアップといった種類がある

» データを移行する

同じ内容のデータベースを作成する

データベースの内容を出力することを**ダンプ**と呼びます。ダンプを行うと、データベースの内容を反映したダンプファイルを作成することができます。このファイルを使って別のデータベースに**リストア**という作業を実行することで、ダンプを取ったデータベースと同じ内容のデータベースを作成することができます（図6-12）。

この機能を用いると、**テストや開発環境用に同一のデータベースを作成したり、古いデータベースから新しいデータベースへデータ移行を行ったり、バックアップとしてデータを取っておく**ことができます。

ダンプファイルの中身

ダンプファイルの中身は、図6-13のようにデータベースの内容が反映されたSQLの羅列になっています。例えばテーブルを作成する「CREATE TABLE」やレコードを作成する「INSERT INTO」などのコマンドが羅列されていて、この通りにコマンドを実行すると、ダンプを取ったデータベースの内容と同じデータベースを作成できるというものです。

そのため、例えばテスト用に本番の環境と同じデータベースを作成する場合、ダンプファイルを編集することによって、機密情報などのテストデータに含めたくないデータを他のデータに置き換えたり削除したりして、リストアするといったこともできます。

ダンプを行うコマンド

ダンプはデータベース管理システムで標準の機能として使える場合が多いです。MySQLの場合は「mysqldump」、PostgreSQLの場合は「pg_dump」というコマンドを使って行うことができます。データが多い場合は実行に時間がかかることもあります。

図6-12 ダンプとリストアを使って同じ内容のデータベースを作成

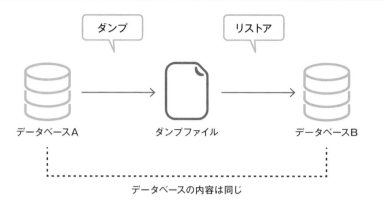

図6-13 ダンプファイルの例

ダンプファイルの内容

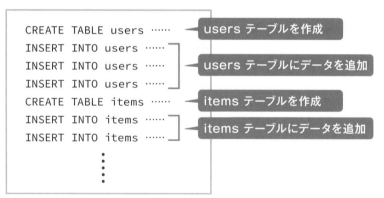

Point

- データベースの内容をファイルに出力することをダンプ、ダンプファイルからデータを復元することをリストアと呼ぶ
- 同一のデータベースを作成したり、データ移行を行ったり、バックアップとしてデータを取っておいたりすることができる

≫ 機密データを変換して保存する

情報漏えいを防ぐ暗号化

　外部からの不正なアクセスや、内部の不正行為、盗難や紛失によってデータベース内の機密情報が流出してしまう事故は、たびたび話題になりますが、情報漏えいを防ぐために必要な対策の1つとして、データベースの情報を暗号化することが挙げられます。**暗号化はデータを他人が読めない情報に変換する技術**です。例えば「東京都渋谷区」という住所のデータを暗号化でそのままでは意味のわからないデータに変換して保存すれば、外部から見られても内容を読み取ることはできません（図6-14）。暗号化されたデータは特別な処理でもとに戻しますが、これを復号化といいます。

さまざまな暗号化の方式

　データを保存するときの暗号化を行うタイミングによって以下のような方式があります（図6-15）。それぞれ対応できる対策の範囲や実装方法が異なります。

❶アプリケーションでの暗号化

　データを格納する前にアプリケーションで暗号化してから保存する方法です。データベースには暗号化された状態でデータが保存されるので、データを取得する場合も暗号化された状態で取得することになり、アプリケーション側で復号化を行います。

❷データベースの機能による暗号化

　多くのデータベース管理システムには暗号化の機能があります。管理システム側でデータの格納・取得時に暗号化や復号処理を行うため、アプリケーション側では暗号化を意識する必要がなく便利です。

❸ストレージの機能による暗号化

　データを格納しているストレージの機器やOSの機能を使う方法で、ストレージにデータを格納するときに自動的に暗号化されます。

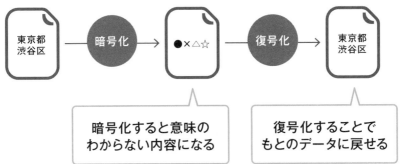

図6-14　暗号化と復号化

| 東京都渋谷区 | → 暗号化 → | ●×△☆ | → 復号化 → | 東京都渋谷区 |

暗号化すると意味の
わからない内容になる

復号化することで
もとのデータに戻せる

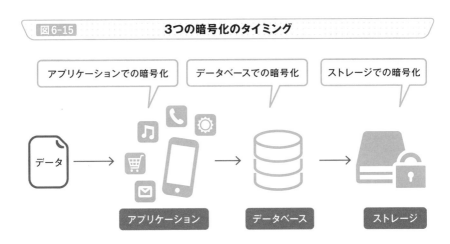

図6-15　3つの暗号化のタイミング

アプリケーションでの暗号化　データベースでの暗号化　ストレージでの暗号化

データ →　アプリケーション　→　データベース　→　ストレージ

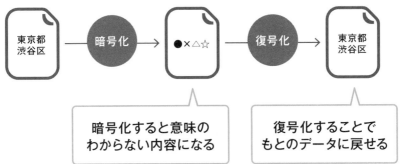

Point

- あるデータを他の人が読めない情報に変換する技術を暗号化、暗号化されたデータをもとに戻す処理を復号化と呼ぶ
- データベースの暗号化の方式には、アプリケーション側で行う方法、データベースの機能を用いる方法、ストレージの機能を用いる方法がある

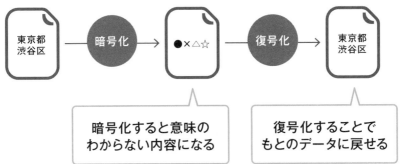

第6章　機密データを変換して保存する

185

» OSやソフトウェアのバージョンを上げる

バージョンを上げる必要性

データベース管理システムやOS、データベースで使っている関連ソフトウェアは日々、改善が加えられ進化しています。バージョンアップによって**セキュリティの強化や性能の向上**が見込めるため、重要な更新が含まれていることもあります。

OSやソフトウェアを更新せずに古いバージョンのままにしておくと、最新の機能が使えなかったり、他のソフトウェアとの連携が取れなくなったり、十分なサポートが受けられずにトラブルが起きた際の対処がしにくくなります。また、機器が古く現状のシステム要件に耐えきれなくなった場合はデータベースを導入しているサーバ自体を新しいものに買い換える必要が出てくるかもしれません。

システムを安全に、そして快適に利用するために日々適切なバージョンになっているか気を配っておく必要があります（図6-16）。

バージョンアップの流れ

図6-17はバージョンを上げる際のおおまかな手順の例です。バージョンアップ後に問題が発生してもとに戻す必要が出てきた場合に備えて、1や2ではもとの環境情報やデータをあらかじめ記録しています。

この他にも必要に応じてあらかじめ同じ環境を用意して、バージョンアップの手順を確認しておいたり、バージョンアップ後も正常に動作するか確認しておいたりすることで、確実に作業が進められるでしょう。

また、バージョンアップ後の動作確認の際には、実行しているSQLにエラーが出ないか、SQLの処理に時間がかかっていないか、ログやサーバのリソースに問題が出ていないかなどに注意します。

図6-16	最新バージョンに上げておく

古いバージョンのままだと
問題が起きる原因になることがある

新しいバージョンに上げておくことで、
セキュリティの強化や性能の向上につながる

バージョン1 ──→ バージョン2 ──→ バージョン3 ・・・・・・・ バージョン16 ──→ バージョン17

図6-17	バージョンアップの手順

 もとのバージョンや設定などの環境を記録しておく

万が一、問題が
発生したときのために
もとに戻せるようにしておく

 データのバックアップを行う

❸ OSやソフトウェアのバージョンアップを行う

・実行しているSQLに
　エラーが出ないか
・SQLの処理に時間が
　かかっていないか
・ログやサーバのリソースに
　問題が出ていないか……

❹ 正常に動作しているかテストする

Point

📝 セキュリティの強化や性能の向上が見込めるため、データベース管理システムやOSのバージョンアップを心がける

📝 バージョンアップの際には、トラブルに備えてバックアップの取得や動作確認を行う

やってみよう

　データベースの運用をする際に、どのようなサービスがあるか調べてみましょう。それぞれのサービスのデータベースの種類、料金形態、どのような機能を備えているか確認してみましょう。

サービス名:

データベースの種類、料金形態、対応している機能:

-
-

サービス名:

データベースの種類、料金形態、対応している機能:

-
-

サービス名:

データベースの種類、料金形態、対応している機能:

-
-

　データベースを運用するためのサービスは数多くありますが、サービスによって取り扱っているデータベース管理システムの種類はさまざまです。また料金形態は月額課金や従量課金のものがあるので、適切なサービスを選択することで費用を抑えることができます。また、あらかじめバックアップや監視など、セキュリティに関する機能を備えているものもあるので、データベース周りの機能もサービスを選ぶときの検討事項の1つとなります。

第 7 章

データベースを守るための知識
～トラブルとセキュリティ対策～

≫ システムに悪影響を及ぼす問題①
～物理的脅威の事例と対策～

物理的に危機を故障させるリスク

システムに問題を引き起こす原因の1つに物理的脅威があります。物理的脅威は、物理的に損失を引き起こす要因を指します。

具体的には**6-2**でも述べたような、**地震や洪水、落雷などの自然災害、不法侵入によって機器が盗まれたり壊されたりするリスクや、老朽化によって機器が故障するリスク**が物理的脅威に分類されます（図7-1）。

物理的脅威の事例

物理的脅威の事例をいくつか解説します（図7-2）。

❶自然災害

地震や洪水によって機器が倒壊したり水に浸かったりして壊れるリスクがあります。また、落雷によって電源が落ちてしまうという問題が発生する恐れもあります。転倒や落下防止などの耐震対策や、非常用のために遠隔地にバックアップを用意しておく、停電や瞬停に備えてUPS（無停電電源装置）や自家発電装置を設けるといった対応が求められます。

❷盗難

不法侵入によって機器の盗難にあったり、壊されてしまうというリスクがあるため、機器が置いてある部屋やラックの施錠、入退室の管理といった防犯対策が必要になります。

❸機器の老朽化

長年使用している機器は、老朽化によって壊れてしまう可能性が考えられます。

突然の故障に備えてデータのバックアップを取っておいたり、予備装置を設けて冗長化して運用する方法があります。

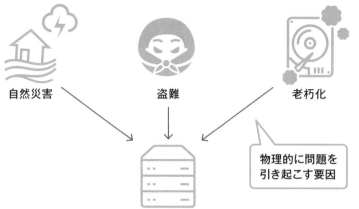

図7-1 物理的脅威とは何か

自然災害　　　　　　　盗難　　　　　　　　老朽化

物理的に問題を
引き起こす要因

図7-2 物理的脅威の事例と対策例

自然災害　　　　　　　盗難　　　　　　　　老朽化

耐震対策、バック
アップ、UPS、自
家発電装置などを
設ける

施錠や入退室の管
理を行う

データのバック
アップを取ってお
いたり、冗長化さ
せる

Point

- 物理的に損失を引き起こす要因のことを物理的脅威と呼ぶ
- 物理的脅威の例には、自然災害による機器の破損や障害、不法侵入による機器の盗難、老朽化による機器の故障などがある

» システムに悪影響を及ぼす問題②
〜技術的脅威の事例と対策〜

プログラムの脆弱性を突く攻撃

　技術的脅威は、システムに問題を引き起こす要因のうち、**プログラムやネットワークを通じて行われる攻撃**のことを指します（図7-3）。不正アクセスやコンピュータウイルス、DoS攻撃、盗聴などがあり、プログラムの脆弱性を突くことによって狙われるケースが多く、データベースの事例ではよくSQLインジェクション（**7-10**参照）が取り上げられます。

　対応策として、ウイルスソフトの導入、OSやソフトウェアのバージョンアップ、アクセス制御や認証の設定、データの暗号化などの対策を検討する必要があります。

技術的脅威の事例

　技術的脅威の事例をいくつか解説します（図7-4）。

❶不正アクセス

　アクセスする権限を持っていない人が、ネットワークを介して不正にサーバやシステムに侵入する行為のことです。

❷コンピュータウイルス

　何かしらの被害を及ぼすように悪意を持って作られたプログラムです。ウイルスにかかると情報の盗難や、コンピュータが誤動作を起こしたり、サーバが乗っ取られたりする恐れがあるので注意が必要です。

❸DoS攻撃

　大量にデータを送信することによって、サーバに負荷をかける攻撃のことです。アクセスが集中してサイトにつながらないことがありますが、このような状況を意図的に作り出して攻撃する方法です。

❹盗聴

　ネットワーク上に流れる情報を不正に盗み取られる盗聴は、情報漏洩につながる恐れがあります。

図7-3 技術的脅威とは何か

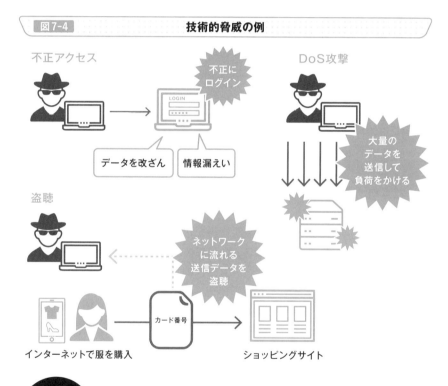

図7-4 技術的脅威の例

不正アクセス

不正に
ログイン

データを改ざん　情報漏えい

DoS攻撃

大量の
データを
送信して
負荷をかける

盗聴

ネットワーク
に流れる
送信データを
盗聴

インターネットで服を購入　カード番号　ショッピングサイト

Point

🖋 システムに問題を引き起こす要因のうち、プログラムやネットワークを通じて行われる攻撃のことを技術的脅威と呼ぶ

🖋 技術的脅威の例には、不正アクセスやコンピュータウイルス、DoS攻撃、盗聴などがある

» システムに悪影響を及ぼす問題③ ～人的脅威の事例と対策～

人によるミスは防ぎにくい

　人間によるミスや不正行為によって損失を引き起こす要因を人的脅威と呼びます（図7-5）。具体的には誤操作、紛失・置き忘れ、ソーシャルエンジニアリングなどがあります。とくに組織においては人的脅威が多く、防ぎにくい脅威でもあります。各個人が脅威の内容を理解して防止することや、組織においては情報セキュリティに対してのルールを策定したり教育を徹底したりすることが必要になってきます。

人的脅威の事例

人的脅威の事例をいくつか解説します（図7-6）。

❶誤操作

　知識や確認不足によって、操作を誤ってしまうことがあります。例えば外部の宛先に、社内の機密情報を送ってしまったり、大事な情報を削除してしまったり、ソフトウェアの設定を誤ることで想定外な動作を起こすことがあります。

❷紛失、置き忘れ

　電車やバスにPCなどの情報端末が入ったカバンを置き忘れ、悪意を持った人に拾われてしまうと情報漏えいにつながります。

❸ソーシャルエンジニアリング

　人の心理や行動の隙を狙って重要な情報を入手する手段のことをソーシャルエンジニアリングと呼びます。

　例を挙げると、電話で関係者になりすましてパスワードを聞き出したり、緊急事態を装って相手に考える余裕を与えずに通常では得られない情報を得たりするといった手口があります。また、後ろからこっそりパスワードを入力しているところを覗き見たり、ゴミ箱に捨てられた資料をあさってシステムの情報を盗むといった手口もあります。

図7-5　人的脅威とは何か

不正行為

ミス

人間の行動によって損失を
引き起こす要因

図7-6　人的脅威の例

誤操作　　　　　　　　　　　　　　　　紛失・置き忘れ

ERROR

ソーシャルエンジニアリング

LOGIN

関係者を装ってパスワードを聞き出す

Point

- 人間によるミスや不正行為によって損失を引き起こす要因を人的脅威と呼ぶ
- 人的脅威の例には、誤操作、紛失・置き忘れ、ソーシャルエンジニアリングなどがある

発生したエラーの履歴

エラーの履歴を確認する

　データベース管理システムによって呼び方や挙動は異なりますが、データベースで発生したエラーの履歴を見る手段としてエラーログを確認する方法があります。

　エラーログはエラー文が記録されたファイルであり、**データベースでエラーが起こるたびにどんどん新しく追記**されていきます（図7-7）。そのため、最新のエラーの他、時系列に過去のエラーの内容を確認することもできます。

　データベースを運用しているうえで起きた重要な警告や異常を伝えるメッセージが書き込まれるので、日頃からデータベースの状態を監視するための情報として重要なものです。また、何かトラブルが発生しているときには問題を解決するための手がかりとなり、サポートへの問い合わせ時においてもエラーメッセージは重要な情報になります。

エラーログの例

　エラーログの出力例は図7-8のようになります。エラーログに出力される情報の例としては、**エラーが発生した日付、エラーコード、エラーメッセージ、エラーレベル**などがあります。図ではわかりやすいように日本語で書いてありますが、多くの場合は英語で出力されます。

　エラーレベルはエラーの緊急度のレベルです。エラーによっても重大な異常と今すぐ対応する必要はないけど注意すべき情報などがあります。データベース管理システムによっては、これらを区別できるようにそれぞれのエラーにラベルがつけられています。

　ログは場合によっては膨大な量になることもあるので、目視で常にすべて確認していると大変です。そこで監視ツールを使ったり、プログラムを使ったりして、問題が起きたときだけ業務で使っているメールやチャットツールなどに通知するといった方法が取られることも多いです。

図7-7　エラーが起こるたびに追記される

問題発生

データベース　エラーログ

データベースで起きた
エラーの内容が書き込まれる

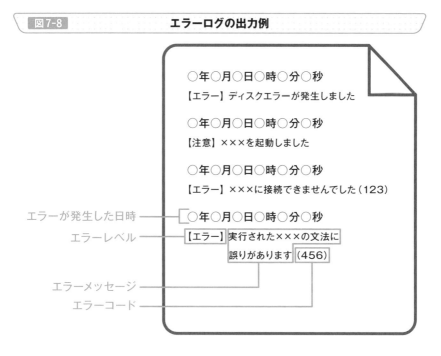

図7-8　エラーログの出力例

○年○月○日○時○分○秒
【エラー】ディスクエラーが発生しました

○年○月○日○時○分○秒
【注意】×××を起動しました

○年○月○日○時○分○秒
【エラー】×××に接続できませんでした（123）

エラーが発生した日時 —— ○年○月○日○時○分○秒
エラーレベル —— 【エラー】実行された×××の文法に
誤りがあります（456）
エラーメッセージ ——
エラーコード ——

Point

🖉 データベースで発生したエラーの履歴を確認する手段としてエラーログ
がある
🖉 エラーログには、エラーが発生した日時、エラーコード、エラーメッセ
ージ、エラーレベルなどが出力される

≫ エラーの種類と対策

さまざまなエラーの種類

　データベースにはさまざまなエラーの種類がありますが、代表的なものにSQLの文法エラーがあります。データベースで実行したSQLに打ち間違いがあるとエラーとなります。存在しないテーブル名やカラム名を指定した場合も同様です。

　後はリソース不足が起こる事例もよく挙げられます。メモリやディスク容量が足りないと、期待した処理がうまく行われずにエラーとなってしまいます。

　その他にも、データベースと接続できない、デッドロック（**4-17**参照）が発生した、タイムアウトなど、さまざまなエラーがあります（図7-9）。

エラーの解決方法

　データベースの運用に支障が出ないようにするために、エラーが発生した場合には、**エラーログや監視している情報などを見ながら対応を行う**必要があります。エラーメッセージには解決の手がかりとなる情報が出ていることが多いので、英語で出ているエラーメッセージの場合は翻訳しましょう。そこで出たのがディスク容量が足りないというメッセージのときは、ディスクに空きが出るように必要のないファイルを削除したり、ディスクの容量を増やしたりします。また、SQLの文法エラーの場合は、そのSQLを実行しているプログラムを調べて、該当の箇所を修正するといった具合です。

　後はインターネットを使ってエラーメッセージで検索すると、同じような内容で悩んでいた人によって対策方法がまとめられている場合もあります。他にも本や公式ドキュメントで調べたり、チームの中で過去に同じ事例があった場合は、そのときの対応方法を参考にするなどしましょう（図7-10）。

図7-9　エラーの種類

SQLの文法の誤り

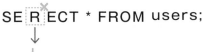

リソース不足

データベースに接続できない

デッドロックやタイムアウト

図7-10　エラーを解決する手段

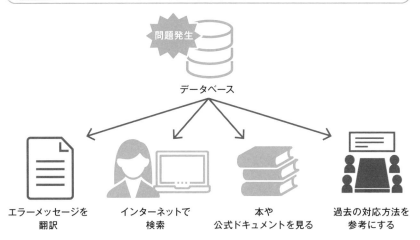

問題発生

データベース

エラーメッセージを
翻訳

インターネットで
検索

本や
公式ドキュメントを見る

過去の対応方法を
参考にする

Point

- ✎ データベースで起こるエラーには、SQL文法エラー、リソース不足、接続エラー、デッドロック、タイムアウトなどがある
- ✎ エラーが発生した場合は、エラーメッセージを翻訳したり、インターネットや本、公式ドキュメントで調べたり、チーム内での過去の対応方法を参考にする

≫ 実行に時間のかかるSQL

スロークエリを集計する

　データベースには、大量のデータの中から素早く必要な情報を取得できるという利点がありますが、取得のやり方やテーブル設計、またデータ量が増えるにつれて、時間がかかることもあります。このように**実行に時間がかかっているSQL文**のことを**スロークエリ**と呼びます（図7-11）。

　スロークエリは、SQLを実行して結果が返ってくるまでの時間を測ることで特定することができますが、1つ1つ確認を行うのは大変です。データベース管理システムによってはスロークエリとその実行時間をログに出力できたり、ツールを使って一覧表示することができます。

スロークエリが引き起こす問題

　スロークエリをそのままにしておくと、データの集計などを行う際に時間がかかってしまい、データベースを使っているWebサイトでページの表示が遅くなったり、サーバに負荷がかかる原因にもなります（図7-12）。データベースの利用に支障が出てきている場合は、スロークエリのチューニングが必要になります。

スロークエリの最適化

　スロークエリを改善する方法はいくつか存在しますが、1つはSQLの文を修正するという方法です。クエリを修正して取得の仕方を変えることで、より早く同じ結果を取得ができることがあります。また、テーブルにインデックス（**7-7**参照）を使うのも有効です。

　データベース管理システムの機能を使ってスロークエリを取得する際は、多くの場合、指定した秒数以上の時間がかかっているクエリを抽出できるよう設定ができます。著しく時間がかかっているものから最適化して、徐々に秒数を減らしていくと効率よくチューニングできるでしょう。

図 7-11　　　　　実行に時間がかかっている

実行にかかる時間

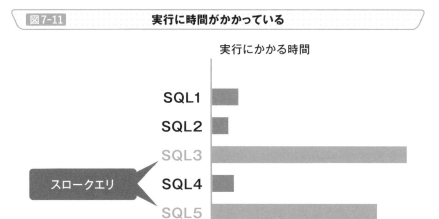

図 7-12　　　　　スロークエリが引き起こす問題

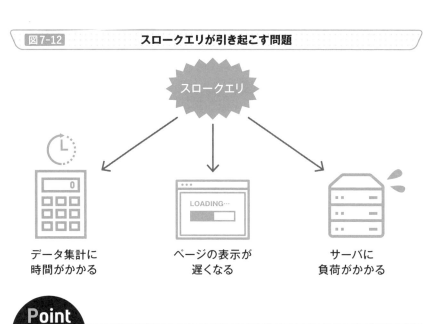

データ集計に
時間がかかる

ページの表示が
遅くなる

サーバに
負荷がかかる

Point

- 実行に時間がかかっている SQL 文のことをスロークエリと呼ぶ
- スロークエリは、データの集計やページ表示に時間がかかったり、サーバに負荷をかけたりする原因となる
- SQL 文の修正やインデックスを使うことでスロークエリの改善を行う

» データ取得の時間を短縮する

データ取得の性能を上げる

　データベースに大量のデータが格納されていると、目的のデータを取得するのに時間がかかることがあります。このような場合はインデックスを使うことで、データ取得の時間を短縮することができます。

　インデックスの**イメージとして近いものは本の索引**です。目的の内容が書かれたページを探したいときに、最初のページから順番に探していると時間がかかりますが、索引を参照することで目的のページに速くたどり着くことができます（図7-13）。データベースの場合だと、検索条件に頻繁に用いるカラムのインデックスを作成しておくことで、データ取得の性能を上げることができます。

インデックスの利用が適している事例

　インデックスは基本的に検索やソートの条件、テーブル結合によく用いられているカラムに設定することになります。とくに**データ量が多く、その中から限られたデータを抽出するときや、カラムに格納されている値の種類が多い**ほど、インデックスが効果的に機能します。逆にデータ量が少ない場合や、性別のように値の種類が少ないカラムにインデックスを使ってもあまり効果がありません（図7-14）。

インデックスのデメリット

　インデックスを適用していると、データの編集を行った際にインデックスの更新処理も行われます。そのため、データ編集時の速度が落ちてしまうという欠点があります。大量のデータを頻繁に登録するようなテーブルにインデックスを適用する場合には注意が必要です。

　また、データとは別にインデックスの領域が必要となるため、**ディスク容量を消費する**という点もデメリットとして挙げられます。

インデックスのイメージ

図鑑からヒマワリのページを探す場合

インデックスなし

1ページ目から
順番に見ていく

索引がない場合は
時間がかかる…

ヒマワリの
ページを発見

インデックスあり

ヒマワリは23ページ

索引から
調べると高速

索引で探す

ヒマワリの
ページを発見

図7-14 **インデックスの利用が適している事例**

コマンド

```
SELECT * FROM users WHERE name='山田'ORDER BY age
```

usersテーブル

name	age	gender
山田	21	man
佐藤	36	man
鈴木	30	woman
田中	18	man

検索やソートの条件などに用いられる
カラムにインデックスを設定する

データ量が多いほど効果的

名前のような値がばらけている
カラムに設定すると効果的

性別のような値の種類が少ない
カラムはあまり効果がない

Point

- インデックスを使うことで、データ取得の時間を短縮することができる
- データ量が多く値の種類が多いカラムに設定するとより効果的に機能する
- データ編集時の処理速度が落ちたり、ディスク容量を消費するという欠点がある

》負荷を分散させる

マシンの性能を上げるスケールアップ

　現状のシステムで処理がさばききれなくなったときにシステムの処理能力を高める手段としてスケールアップとスケールアウトがあります。**スケールアップ**は、対象の**コンピュータのメモリやディスク、CPUを増設**したり、より**高性能な製品に置き換える**ことで性能アップを図るアプローチのことを指します（図7-15）。例えば1つのデータベース内で高頻度な更新処理が起きる場合など、特定のコンピュータ内での処理が頻繁に起きるような事例に有効です。

　ただし稼働中のシステムを一度止める必要があるということや、機器の性能には物理的な限界があるため無限にスケールアップはできないという課題もあります。

マシンの台数を増やすスケールアウト

　コンピュータの数を増やして処理を分散することで処理性能を上げるアプローチが**スケールアウト**です（図7-16）。スケールアップのように、機器のスペックの上限に縛られずにシステムの性能アップを図ることができます。

　スケールアウトは、とくに単純な処理を複数台で分散するときに有効です。例えばWebシステムのような大量のアクセスに対してデータを返す処理を、複数台に分散するといったことが比較的容易に実現できます。また、複数台あることによって1台が故障してもシステムを止めずにすむというメリットもあります。ただし複数台をどのような構成で接続するか、どのように入ってきた処理を分散させるかなどの考慮が必要になってきます。

　データベースでスケールアウトを実現する手段の1つとして、レプリケーション（**7-9**参照）があります。

図7-15　　　　スケールアップのイメージ

スケールアップ

マシンの性能を上げる

図7-16　　　　スケールアウトのイメージ

スケールアウト

マシンを追加

Point

- システムの処理能力を高める手段にはスケールアップとスケールアウトがある
- マシンの性能を上げるアプローチをスケールアップ、マシンの台数を増やすアプローチをスケールアウトという

» データベースを複製して運用する

処理を分散させ、可用性を上げる

　データベースでスケールアウトを実現する機能として、レプリケーションがあります。レプリケーションによって、**もととなるデータベースから同じ内容のデータベースを複製し、データを同期して使う**ことができます。複製元のデータベースの内容が更新された場合は、その内容を複製したデータベースにも反映させることができます。

　大量に処理を行う必要がある場合、通常だと1つのデータベースに処理が集中してしまいますが、レプリケーションによって同じ内容のデータベースを複数作成しておけば、その分だけ処理を分散させることができ、負荷を減らすことができます。

　その他にも可用性を上げるための使い方もあります。1つのデータベースに障害が発生した場合でも他の正常なデータベースに処理を任せるようにすることで、システムを継続させるといったことが実現できます（図7-17）。

レプリケーションを使った例

　レプリケーションを使ってデータベースの負荷分散を行った例が図7-18です。今回の構成では、主となるデータベース（マスター）を複製してリードレプリカと呼ばれるデータベースを作成しています。リードレプリカはデータの読み込み専用のデータベースで、データの更新についてはマスターのデータベースに対して行い、変更内容がリードレプリカに反映されるという流れになります。

　データの読み込みが主となるデータベースではこのような構成にすることで、読み込み時の負荷を分散させることができ、パフォーマンスを向上させることが可能です。

図7-17 レプリケーションの役割

処理 処理　　処理 処理

レプリケーション

障害
発生

正常な方に切り替えて
システムを継続

レプリケーション

処理を分散させる　　可用性を上げる

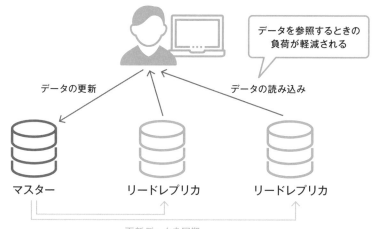

図7-18 レプリケーションを使った構成例

データを参照するときの
負荷が軽減される

データの更新　　　　データの読み込み

マスター　　リードレプリカ　　リードレプリカ

更新データを同期

Point

🖋 レプリケーション機能を使うと、もととなるデータベースから同じ内容
のデータベースを複製し、データを同期させることができる

🖋 レプリケーションによって、処理を分散させて負荷を減らしたり可用性
を上げたりすることができる

》 外部からデータベースが 操作されてしまう問題

情報漏えいやページ改ざんの代表的な原因

　Webサイトからの情報流出やページが改ざんされる事件がニュースになることがありますが、代表的な原因としてSQLインジェクションという攻撃方法があります。SQLインジェクションは、フォームなどの**ユーザーが任意に入力できる**項目に、**攻撃者が不正なSQL文を入力する**ことで、本来閲覧できないはずの情報の抜き取りや変更ができてしまう脆弱性です。この手法によって会員の連絡先やクレジットカード情報が漏えいした多数の事例があり、深刻な被害を受ける可能性のある脆弱性といえます。

SQLインジェクションのしくみ

　例えばサイト内に入力フォームにユーザーIDを入力すると、そのIDのユーザーを検索できる機能があるとします。ここに「123」を入力すると、データベース上では「SELECT * FROM users WHERE id = 123;」といったSQLが実行され、ページ上にその情報が表示されるのが通常の流れです。しかし、図7-19のように この入力フォームに「1 OR 1 = 1」と入力すると、データベース上では「SELECT * FROM users WHERE id = 1 OR 1 = 1;」というSQLが実行されます。これはすべてのユーザーの情報が取得されてしまうSQLです。このようにSQLを改変する手口を応用することで、不正な情報を得たり、変更・削除が行われてしまいます。

SQLインジェクションへの対策

　一般的な対策は、入力値のエスケープ処理を行うことです。ユーザーが自由に入力できる値をそのままSQLに利用せず、文字列として扱うような形に変換してからSQLに適用します。その他にもWAF（Web Application Firewall）を導入して不正なアクセスを遮断することで、SQLインジェクションのリスクを抑えることができます（図7-20）。

図7-19 **SQLインジェクションのしくみ**

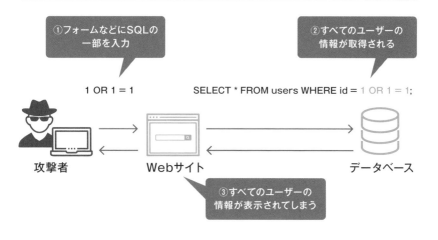

①フォームなどにSQLの
一部を入力

②すべてのユーザーの
情報が取得される

1 OR 1 = 1

SELECT * FROM users WHERE id = 1 OR 1 = 1;

攻撃者　　　　　　Webサイト　　　　　　データベース

③すべてのユーザーの
情報が表示されてしまう

図7-20 **SQLインジェクションに対する対策**

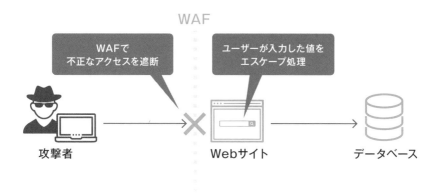

WAF

WAFで
不正なアクセスを遮断

ユーザーが入力した値を
エスケープ処理

攻撃者　　　　　　Webサイト　　　　　　データベース

Point

- ユーザーが任意に入力できる項目に、攻撃者が不正なSQL文を入力することで、本来では閲覧できないはずの情報を抜き取ったり変更したりできてしまう脆弱性をSQLインジェクションと呼ぶ
- 入力された値のエスケープ処理やWAFの導入といった対策がある

やってみよう

　物理的脅威、技術的脅威、人的脅威のそれぞれについて、データベースに悪影響を及ぼす事例を考えてみましょう。また、他にもどのような事例があるかインターネットで調べてみましょう。

物理的脅威

-
-

技術的脅威

-
-

人的脅威

-
-

　脅威によってもたらされる被害は、場合によっては大規模なものになる可能性があります。例えば国内でも不正アクセスによって企業がかかえている数十万〜数百万件の個人情報が漏えいし、会社に大きな損害がもたらされた事例が数多くあります。一度被害にあってしまうと企業の信頼が失われますし、損害があった顧客に対しての補償によって会社の存続にも影響する事態になりかねません。このようなリスクを最小限にするために、脅威を正しく理解し、防止策を行っておくことが重要です。

第 8 章

データベースを活用する
～アプリケーションからデータベースを使う～

》 ソフトを使って データベースに接続する

直感的な操作が可能になる

　データベースを取り扱うときの基本は第3章で紹介したように、**コマンドを使った操作が基本**です。開発者であれば馴染みがありますが、そうでないとコマンド操作はとっつきにくいものですので、より簡単にデータベースを操作する方法としてクライアントソフトを使う方法があります。

　多数のソフトが公開されていますが、データを見やすいように整理して表示してくれたり、表計算ソフトのように必要な作業をメニューから選択して直感的な操作ができるようになっていたりします（図8-1）。データベースに対して簡単な操作やデータ確認を行う場合であれば、このようなソフトを使った方がより便利な場合もあるでしょう。ただし、データベースのすべての操作が対応しているとは限りません。**対応している機能を超えた操作はできない**ので注意しましょう。

　その他に、ER図の作成や、入力補完、パフォーマンスの確認といった本来のデータベースにはない機能が実装されているものもあるので、データベースの管理に役立てることもできます。

クライアントソフトを使う

　おもなクライアントソフトを図8-2で紹介します。クライアントソフトは、メーカーが開発しているものもあれば、オープンソースで公開されているもの、有料から無料のものまでさまざまです。また、データベース管理システムによって使えるソフトが限られています。

　データベースに接続する際には、ソフト上でデータベースのホスト名やユーザー名、パスワードを設定することで利用する場合が多いです。

図8-1　クライアントソフトを使うメリット

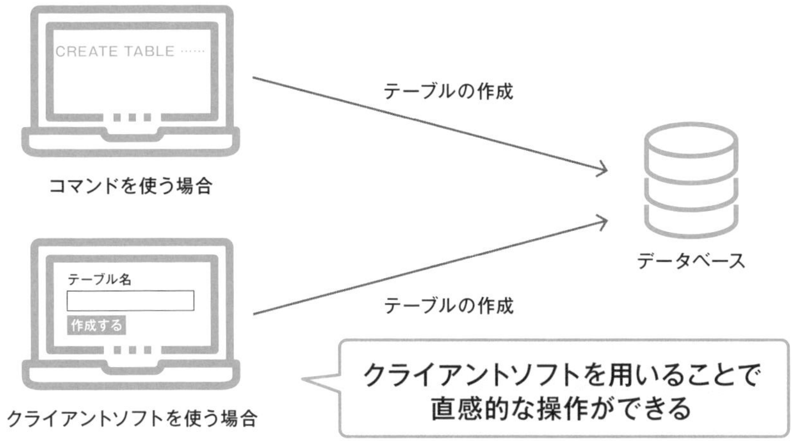

CREATE TABLE ……

テーブルの作成

コマンドを使う場合

データベース

テーブル名

作成する

テーブルの作成

クライアントソフトを使う場合

クライアントソフトを用いることで
直感的な操作ができる

図8-2　おもなクライアントソフト一覧

ソフト名	対応しているデータベース管理システム	補足
Sequel Pro	MySQL	Macでのみ動作
MySQL Workbench	MySQL	ER図の作成やパフォーマンスの確認もでき、多くの環境で動作可能
phpMyAdmin	MySQL	Webブラウザから操作できる
pgAdmin	PostgreSQL	多くの環境で動作可能
A5:SQL Mk-2	Oracle Database、PostgreSQL、MySQLなど	入力補完、クエリの分析、ER図の作成などもできる

Point

- クライアントソフトを用いることで、直感的な操作でデータベースを扱うことができる
- 本来のデータベースにはない機能が実装されているソフトもあるので、データベースの管理に役立てることもできる

213

» アプリケーションから データベースを使う例

データベースと連携したアプリケーション

　ソフトウェアやWeb上で動作するツールの中には、データベースと連携して利用するものもあり（図8-3）、代表的なものに、WordPressがあります。

　WordPressはブログ構築ツールとして有名なソフトウェアで、管理画面から記事の投稿やデザイン変更を行うことができ、プログラムの知識がなくても比較的簡単にブログサイトを作成することができるツールです。一からサイトを作成する手間が省け、カスタマイズも柔軟に行うことができるので、ブログサイトだけでなく 多くの形式のサイトで用いられるようになりました。この中で**記事の内容やサイトの設定内容などが、データベースを用いて管理**されています。

WordPressとデータベースの連携

　WordPressを利用する場合は、別途MySQLのデータベースを利用する必要があります。WordPressのインストール時に、最初にデータベース名やユーザー名、パスワードを指定してデータベースと連携を行うと、自動的にアプリケーション内で必要なテーブルが作成されるようになります。インストール後は、管理画面から記事を投稿・編集・削除すると、その内容がテーブルに反映されます。また、投稿した記事を表示する際にはテーブルから該当のデータが取得され、ページ上に表示されるしくみです。管理画面からページのカスタマイズを行う場合もありますが、これらの設定内容の保存先もデータベースを用いていることもできます（図8-4）。

　このように、とくに**Webやスマホアプリ上でデータを保存したり、それを表示したりする必要のあるアプリケーションの多くは裏側ではデータベースを用いています**。アプリケーションを開発・構築するうえでデータベースは欠かせない存在となっています。

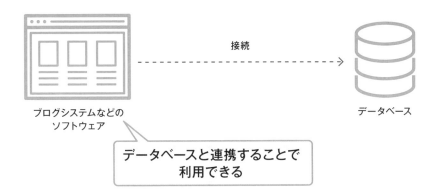

図8-3 データベースと連携したアプリケーション

接続

ブログシステムなどの
ソフトウェア

データベース

データベースと連携することで
利用できる

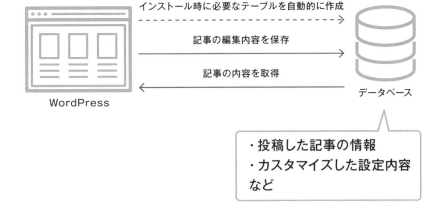

図8-4 WordPressとデータベースの関係

インストール時に必要なテーブルを自動的に作成

記事の編集内容を保存

記事の内容を取得

WordPress

データベース

・投稿した記事の情報
・カスタマイズした設定内容
など

Point

ソフトウェアやWeb上で動作するツールの中には、データベースと連携して利用するものもある

ブログ構築ツールとして有名なWordPressは、記事の内容やカスタマイズした設定内容を格納するためにデータベースを用いている

≫ プログラムから データベースを使う

ライブラリやドライバを使ったデータベースとの連携

　プログラムを使って業務を効率化したり、データ分析を行ったりするためのデータの格納先としてデータベースを用いることがあります。このような場合はプログラムの中からデータベースを操作する必要があり、ライブラリやドライバと呼ばれるものを使って行います。ライブラリやドライバのおおまかなイメージとしては、**プログラムとデータベースの橋渡しを行う役割**です（図8-5）。

　例えばRubyというプログラム言語を使っている場合で考えてみましょう。Rubyは代表的なプログラミング言語の1つで、とくにWebサービスの開発によく用いられています。このRubyを使ってデータベース管理システムがMySQLのデータベースと連携するときは、代表的なものに「mysql2」という名前のライブラリがあるので、それを導入することで接続できます。また、データベース管理システムがPostgreSQLの場合は「pg」というライブラリがあるので、こちらを利用します。同じように他の言語でもそれぞれのデータベース管理システムに対応したライブラリやドライバと呼ばれるものを導入することで、プログラム中からデータベースに比較的簡単に接続することができます。

プログラムからデータベースを操作する

　図8-6は、Rubyを用いてデータベースを操作するプログラム例です。まず1行目でライブラリを読み込み、2行目ではフイブラリを使ってデータベースの接続を行っています。このとき、データベースのユーザー名やパスワードを指定することでデータベースに接続できます。そして3行目でSQLを実行して users テーブルから情報を取得し、その後の行で取得したデータを出力しています。

　このような形でプログラム上からデータベースのデータを取得したり、登録したりするといったことが可能です。

図8-5 プログラムからデータベースに接続するイメージ

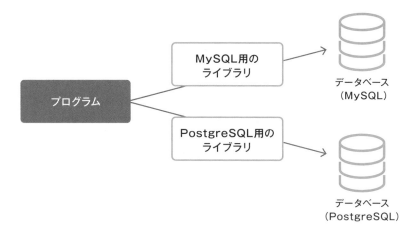

図8-6 Rubyを用いてデータベースを操作するプログラム例

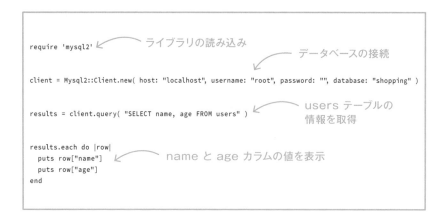

```
require 'mysql2'                          ライブラリの読み込み
                                                     データベースの接続
client = Mysql2::Client.new( host: "localhost", username: "root", password: "", database: "shopping" )

results = client.query( "SELECT name, age FROM users" )      users テーブルの
                                                              情報を取得

results.each do |row|
  puts row["name"]              name と age カラムの値を表示
  puts row["age"]
end
```

Point

📎 プログラム中からデータベースを操作するときは、ライブラリやドライバを使う

📎 ライブラリやドライバのイメージは、プログラムとデータベースの橋渡しを行う役割

» プログラム言語に合わせた形式でデータベースを扱う

プログラム言語っぽい形でデータベースを扱う

8-3ではプログラムからデータベースに接続する方法を紹介しましたが、このままだとプログラムの中に「SELECT * FROM users」のようなSQL文を記述する必要があります。このようなあるプログラム言語の中に、さらに別のSQL言語が登場してしまう状態だと、プログラム中にはSQL文を組み立てるための処理を実装する必要が出てきてしまいますし、データベースから取得したデータをプログラムで取り扱える形に改変する必要があります。これは考慮する点が多く非常に大変な作業であり、あまり効率がよくありません。

この問題をなくすための、**プログラム言語特有の記述形式やデータ構造でデータベースを扱うためのしくみ**がO/Rマッピングです。O/Rマッピングによって自然にプログラムからデータベースを扱うことができるようになります。また、この役割を担うもののことをO/Rマッパーといいます（図8-7）。

O/Rマッパーは、フレームワーク（アプリケーション開発をより早く簡単にするためのひな形となるツール）などに導入されています。例えばWebアプリケーションを開発するための代表的なフレームワークであるRuby on Railsでは「ActiveRecord」、Laravelでは「Eloquent ORM」というO/Rマッパーが導入されています。

Ruby on Rails でデータベースを扱う

図8-8は、Ruby on Rails でデータベースを操作するプログラム例です。Ruby on Rails の形式でプログラムが書かれていますが、その内容に従って裏ではデータベースに対応したSQLが実行されています。このようにO/RマッパーによってSQL文をプログラム中に書く必要がなく、自然な形の言語でデータベースを利用することができます。

図8-7　　　　　　　　　O/Rマッピングの概要

プログラムの内容をSQL文に変換

プログラム　←→　O/Rマッパー　→　データベース

取得したデータを
プログラムが扱いやすい形に変換

図8-8　　　Ruby on Rails からデータベースを操作するプログラム例

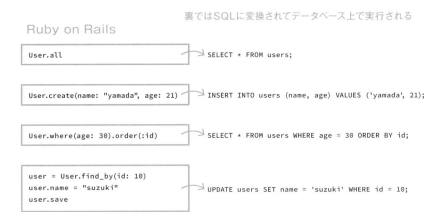

裏ではSQLに変換されてデータベース上で実行される

Ruby on Rails

```
User.all
```
→ `SELECT * FROM users;`

```
User.create(name: "yamada", age: 21)
```
→ `INSERT INTO users (name, age) VALUES ('yamada', 21);`

```
User.where(age: 30).order(:id)
```
→ `SELECT * FROM users WHERE age = 30 ORDER BY id;`

```
user = User.find_by(id: 10)
user.name = "suzuki"
user.save
```
→ `UPDATE users SET name = 'suzuki' WHERE id = 10;`

Point

- SQLを意識せずにプログラム言語特有の記述形式やデータ構造でデータベースを扱うしくみをO/Rマッピングという
- O/Rマッピングを担う役割を持つものをO/Rマッパーといい、フレームワークなどに導入されている

» クラウドサービスの活用

外部の事業者のサービスを利用する

　データベースを利用する際には、外部の事業者によって提供されているクラウドサービスを使う方法があります（**6-1**参照）。このようなサービスでは、外部の事業者が用意している機器やソフトウェアをネットワークを通じて利用することができるため、**自前で必要なものを調達する必要がなく、Web上から24時間いつでもデータベースを構築する**ことができます（図8-9）。また、使用した分だけ課金される料金体系となっているサービスが多く、必要なときに必要な分だけサービスを利用することができます。スケールアップやスケールアウトを行うこともプランや設定を変更するだけで手軽にできるので、負荷のかかる日や時間帯だけ一時的にサーバの性能を上げるといった使い方もでき、非常に便利なサービスです。

　代表的なサービスには Amazon RDS、Cloud SQL、Heroku Postgres などが挙げられます（図8-10）。

クラウドサービスの利用を始める流れ

　クラウドサービスのデータベースは、以下の流れで利用します。

❶データベースを提供している事業者のサイトにアクセスしてアカウント登録する
❷新しいデータベースを作成する
❸データベースのホスト名やユーザー名、パスワードが発行される
❹❸の情報でデータベースに接続して利用する

　最短だと数分もあれば設定が終わって使い始めることができるので、データベースの利用のハードルを下げることができます。また、**データベースに関わる設備の管理は業者が行ってくれる**ので、利用ユーザーはアプリケーションの開発に集中することができるというメリットもあります。

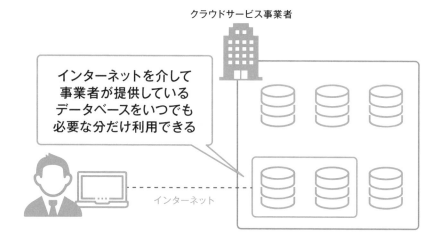

図8-9　クラウドサービスの概要

クラウドサービス事業者

インターネットを介して
事業者が提供している
データベースをいつでも
必要な分だけ利用できる

インターネット

図8-10　おもなクラウドサービス一覧

サービス名	対応しているデータベース管理システム	補足
Amazon RDS	MySQL、PostgreSQL、Oracle、Microsoft SQL Server など	Amazonが提供しているサービスで、バックアップやレプリケーション機能などを搭載
Cloud SQL	MySQL、PostgreSQL、SQL Server	Googleが提供しているサービスで、Amazon RDSと同様に比較的高機能
Heroku Postgres	PostgreSQL	他のサービスと比べると機能は絞られており 細かな設定はできないが、その分最小限の設定で使え、利用のハードルが低い

Point

- クラウドサービスを使うと、自前で機器を用意しなくても Web 上から
  いつでも必要な分だけデータベースを利用できる
- スケールアップやスケールアウトも Web 上で手軽に行うことができる

≫ データを高速で取得する

データ取得の性能を上げるキャッシュ

　一度利用したデータを読み込みの速いディスク領域に一時的に保存しておき、再び同じデータを利用するときに高速に読み込めるようにしておくしくみのことをキャッシュといいます。

　身近な例ではインターネットブラウザがあります。ブラウザでページを表示する際に、一度読み込んだ画像などのファイルを手元に保存しておき、2回目以降同じページを読み込む際に利用することで表示を高速化しています（図8-11）。

　このようなキャッシュの機能をデータベースに取り入れることで、データ取得の性能を上げることができます。

データベースでキャッシュを使う

　データベースでデータの読み込みを高速化するためにキャッシュを用いることがあります。とくに頻繁に読み込みがあるデータや、変更頻度の少ないデータに対してキャッシュを用いると効果が期待できます。

　例えばショッピングサイトの前日の人気商品ランキングページの場合で考えてみましょう。データベースからランキング順にデータを取得する処理が重いとデータベースに負荷がかかるうえ、前日のランキングは変動することがないので、ページにアクセスがあるたびに重い処理を毎回実行するのは効率が悪いです。データベースからの結果を別の領域に保存しておき、2回目以降はそちらのデータを参照するようにすることで、データベースに対する問い合わせを減らすことができ、結果的にデータの取得を高速化することができます（図8-12）。

　このようなキャッシュのしくみは自前で用意することもできますが、**データベースと連携したフレームワークやソフトウェアにあらかじめ導入されている**ケースもあります。

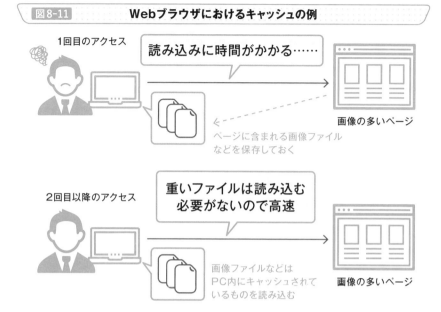

図8-11　Webブラウザにおけるキャッシュの例

1回目のアクセス

読み込みに時間がかかる……

ページに含まれる画像ファイル
などを保存しておく

画像の多いページ

2回目以降のアクセス

重いファイルは読み込む
必要がないので高速

画像ファイルなどは
PC内にキャッシュされて
いるものを読み込む

画像の多いページ

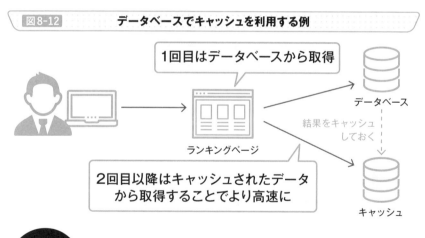

図8-12　データベースでキャッシュを利用する例

1回目はデータベースから取得

データベース

結果をキャッシュ
しておく

ランキングページ

2回目以降はキャッシュされたデータ
から取得することでより高速に

キャッシュ

Point

- 何度も利用するデータを高速に読み込めるように保管しておくしくみの
  ことをキャッシュという
- データベースにキャッシュを用いることで、データの取得を高速化する
  ことができる

» 大容量のデータを集めて分析する

ビッグデータの活用

　売上アップや業務効率化のためにビッグデータが活用される事例があります。ビッグデータは**巨大なデータのまとまりのことで、ビジネスの現場のさまざまな場面で有効活用するために利用**されています。

　例えば魚屋さんを経営している立場であれば、季節や魚の種類、産地、価格、味などのデータを吟味して仕入れを行う必要があります。また、仕入れた魚をお店に並べるときに、どの魚がいくらでどれだけ売れたのか、購入者の年齢層、時間帯などの情報を分析することで売上アップや在庫数の管理に役立ちます。さらにどこに置いてどのような見せ方にすると売れやすいのか、ということもデータとして蓄積しておくことができます。このようなあらゆる情報をデータベースに集約しておけば、いつ、どの種類の魚をいくらでどのくらい仕入れたらいいのか、お店に何をどのように並べると売上が高くなるか最適化を行うことができます（図8-13）。

　これはあくまで一例ですが、実際に小売店での売上の拡大や、顧客のニーズに合った商品の製造、ショッピングサイトでのレコメンド機能など、さまざまな場面でビッグデータは活用されています（図8-14）。

ビッグデータに求められるデータベース

　デジタル化が進む中でスマートフォンやセンサーなどから、膨大な人の位置情報や行動履歴が得られるようになりました。これらのデータ管理のためには大容量のデータを取り扱えなければなりません。テラやペタの非常に大きな単位のデータを利用する事例もあります。また、分析するデータは文字だけでなく、画像や音声、動画など多岐にわたるため、さまざまな形式のデータへの対応が必要です。そして行動や決済のような絶え間なく発生するデータのために高速な処理スピードが求められるでしょう。

　現在はこのような条件を満たすツールや技術が誰でも使える形で普及してきており、大企業以外でもビッグデータの活用が広がっています。

図8-13　小売店におけるビッグデータの活用

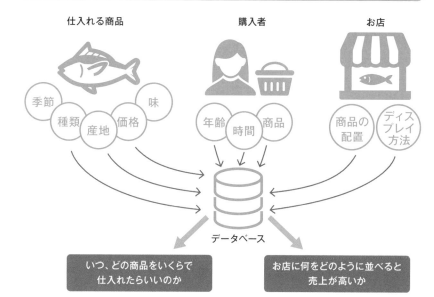

仕入れる商品

購入者

お店

| 季節 | 味 |
| 種類 | 産地 | 価格 |

年齢　時間　商品

商品の配置　ディスプレイ方法

データベース

いつ、どの商品をいくらで
仕入れたらいいのか

お店に何をどのように並べると
売上が高いか

図8-14　ビッグデータの活用例

おすすめ

小売店での売上アップ

ビジネスの拡大

商品の製造・在庫数の最適化

コストの削減

購入履歴をもとにした
レコメンド機能

新たなビジネスの創設

Point

- ビッグデータの技術によって膨大なデータの分析が実現でき、ビジネスに有効活用することができる
- ビッグデータは、ビジネスの拡大やコストの削減、新たなビジネスの創設などに役立てられている

» データを学習する アプリケーションでの活用例

AIでの活用

　近年では将棋や囲碁の対局でAI（人工知能）が人間に勝利を収めたことが大きな話題となり、この出来事によってAIの目覚ましい発展とそれがもたらす可能性を世間に広く知らしめることとなりました。人間が行う予測や判断を代わりに行ってくれるAIは、画像認識や音声認識、自動運転、メールのスパムフィルター、ECの商品レコメンド、顔認識、チャットボットなど、さまざまな分野で応用され、生活を便利にするために活用されています。

　このAIを実現するための技術としてよく名前が挙がるのが機械学習です。これはプログラムに大量のデータを学習させ、予測や判断を行うモデルを導き出す技術です。例えばメールのスパムフィルターを支える手法の1つにも機械学習が取り入れられています。**膨大なスパムメールとそうでないメールのデータが集められたデータベースをプログラムに学習させる**ことで、これをスパムメールかどうかの判定に利用しています（図8-15）。

チャットボットのしくみ

　最近のWebサイトではQ&Aページの代わりにチャットでAIに質問できる機能が設けられているページを見かけることがあります。また、スマートフォンやスマートスピーカーといった、端末に話しかけることによって目的の操作を自動的に行ってくれるような製品も普及するようになりました。これらもAI・機械学習といった技術が応用されており、音声を受け取って意図を認識し、**会話用データベースから学習した膨大なデータを用いて目的に合った回答や操作**を行っています。また、受け取った問い合わせ内容をさらにデータベースに保存しておき学習に用いることで、日々 AIの精度を上げていくといった使い方も行われています（図8-16）。

図8-15 **機械学習を使ったスパムメール判定**

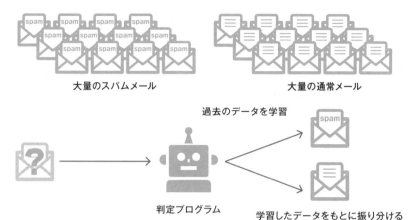

メールデータベース

大量のスパムメール　　　　　大量の通常メール

過去のデータを学習

判定プログラム

学習したデータをもとに振り分ける

図8-16 **チャットボットのしくみ**

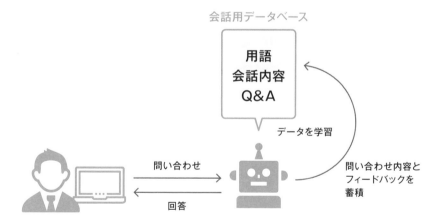

会話用データベース

用語
会話内容
Q&A

データを学習

問い合わせ

回答

問い合わせ内容と
フィードバックを
蓄積

Point

✐ AI開発に用いられる機械学習は、プログラムに大量のデータを学習させることで予測や判断を行うモデルを導き出す技術

✐ 機械学習の分野でもデータベースが利用されている

» AIを組み込んだデータベース

ますます便利になっていくデータベース

データベース自体にAI（人工知能）の機能を取り入れたAIデータベースといった製品も出てきています。

IBMが発表した「IBM Db2 the AI database」では、複数の場所に点在して個別管理されているデータを集約することで横断した分析を可能にしたり、SQLをさらによい結果を得るためにチューニングしてくれる機能や、SQLの代わりに「月ごとの平均売上」といった言葉でデータ検索してくれる機能が実装されています。さらに売上の結果をグラフ表示したり、将来の予測を行ったりする機能など、これまでのデータベースを超えた使い方もできるようになっています（図8-17）。これらの機能によってさらに**データの管理や分析が便利になる他、専門家以外の担当者でもデータベースにアクセスすることが容易にできるような流れ**になってきました。

データベースのこれから

データベースには、データを便利に扱うための登録・整理・検索といった機能がありますが、その先の目的にあるのは、データを効率的に保存してWeb上のページに表示したり、分析結果によってビジネスに役立てたりするといった目標があるかと思います。その目的を達成するために必要な導入や設計、データ管理は、ここで紹介しているAIデータベースのように、今までよりもますます簡単に便利に速くなっていくのかもしれません。

デジタル社会が発展する中、今日もデータは増え続けています。同時にそれを支えるデータベースに求められる性能や役割も広がっていくことでしょう。これからも**データベースは日々進化しながら生活を便利にするための基盤として活躍していく**ことが期待されます（図8 18）。

| 図8-17 | **AIが入っているデータベース** |

月ごとの売上は?

データベースの中のAI機能

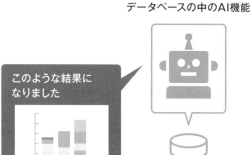

このような結果に
なりました

| 図8-18 | **進化していくデータベース** |

これからもデータは増え続け、
利用価値が上がる

データベースの役割や
求められる性能が
広がっていく

Point

- データベース自体にAIを取り入れることで、データの管理や取得を自動で最適化してくれる製品も登場している
- 専門家以外の担当者でもデータベースにアクセスすることが容易にできるようになってきている

やってみよう

データベースを構築してみよう

　自身の PC に MySQL をインストールして、データベースを作成してみましょう。途中でコマンド操作が必要な作業もあります。コマンドを実行するためのアプリケーションとして、Mac では「ターミナル」、Windows では「コマンドプロンプト」が初めからインストールされているので、それらを使うことができます。

①データベース管理システムを使えるようにする

　自身の PC に、MySQL をインストールします。インターネットで検索すると、さまざまなインストール方法が確認できます。

　一例として、Mac の場合は Homebrew を使ってインストールする方法や、Windows の場合は公式サイトからダウンロードできるインストーラーを使う方法があります。

②データベースを起動する

　データベースを起動するためのコマンドを実行します。

③データベース管理システムに接続する

　コマンドを用いてデータベースに接続します。その他、インターネットで公開されているクライアントソフトを用いて接続する方法もあります。

④データベースを作成する

　第 3 章で紹介した SQL を用いてデータベースやテーブルの作成を行います。また、作成したテーブルに、レコードの追加や編集、削除を行ってみましょう。

データベースの設計例を見てみよう

　インターネットでアプリケーションのデータベース設計事例が公開されていることもありますので参考にしてみましょう。

　例えばブログを構築するツールとして有名な WordPress では MySQL が使われており、テーブル名やカラム名、型などが公開されています。

用 語 集

[「➡」の後ろの数字は関連する本文の節]

A～Z

AI (➡8-8)
学習や問題解決といった人間のような知的な機能を持たせたシステム。

AUTO INCREMENT属性 (➡4-11)
カラムに自動的に連続した番号を格納する制約。

DEFAULT (➡4-7)
カラムに初期値を設定することができる制約。この制約を設定したカラムに値をセットせずにレコードを追加した場合は、あらかじめ指定しておいた初期値が格納される。

ER図 (➡5-7、5-8、5-9)
エンティティとリレーションシップを表した図。概念モデル、論理モデル、物理モデルといった種類がある。

FOREIGN KEY (➡4-13)
カラムに指定した他テーブルのカラムに存在する値しか格納できなくする制約。

NoSQL (➡2-5)
リレーショナル型以外のデータベース管理システムを指す。

NOT NULL (➡4-9)
カラムにNULLを格納できないようにする制約。

NULL (➡4-8)
「何もない」ということを表す値。値が未入力であるということを明示的に示すことができる。

O/Rマッパー (➡8-4)
O/Rマッピングを担う役割を持つもの。フレームワーク（アプリケーション開発をより早く簡単にするためのひな形となるツール）などに導入されている。

O/Rマッピング (➡8-4)
SQLを意識せずにプログラム言語特有の記述形式やデータ構造でデータベースを扱うしくみ。

PRIMARY KEY (➡4-12)
カラムに他のレコードと重複する値やNULLを格納できなくする制約。

SQL (➡1-6)
データベースに命令を送るための言語。

SQLインジェクション (➡7-10)
ユーザーが任意に入力できる項目に、攻撃者が不正なSQL文を入力することで、本来では閲覧できない

はずの情報を抜き取ったり変更したりできてしまう脆弱性。

UNIQUE (➡4-10)
カラムに他のレコードと重複した値を格納できないようにする制約。

あ行

暗号化 (➡6-8)
あるデータを他の人が読めない情報に変換する技術。

イニシャルコスト (➡6-3)
最初にシステムを導入するときにかかる費用。

インデックス (➡7-7)
データ取得の時間を短縮するためのしくみ。本の索引のような形で、検索用に最適化したデータ構造を設けることで実現している。

エラーログ (➡7-4)
データベースで発生したエラーの履歴が記録されたファイル。エラーが発生した日時、エラーコード、エラーメッセージ、エラーレベルなどが出力されている。

エンティティ (➡5-5)
保存対象となる実体。データの中に登場する人物やモノを指す。

オープンソース (➡1-5)
ソースコードが公開され、誰でも自由に使えるようになっているソフトウェア。

オンプレミス (➡6-1)
自社の設備でデータベースを運用する方法。

か行

階層型 (➡2-1)
木が枝分かれしているように、1つの親に複数の子がぶら下がっていくデータモデル。

外部キー (➡4-13)
カラムに指定した他テーブルのカラムに存在する値しか格納できなくする制約。

外部結合 (➡3-22)
指定したカラムの値が一致するデータを結合し、それに加えて元となるテーブルにしか存在しないデータも取得する方法。

カラム (➡2-2)
テーブルの列にあたる部分。

カラム指向型 (➡2-6)
1つの行を識別するキーに対して、複数のキーとバリューのセットを持つことができるようになっているモデル。

キーバリュー型 (➡2-6)
キーとバリューの2つのデータをペアにしたものを格納していくことができるモデル。

機械学習 (➡8-8)
プログラムに大量のデータを学習させ、予測や判断を行うモデルを導き出す技術。

技術的脅威 (➡7-2)
プログラムやネットワークを通じて攻撃が行われ、システムに問題を引き起こす要因。不正アクセスやコンピューターウイルス、DoS攻撃、盗聴などが例として挙げられる。

キャッシュ (➡8-6)
一度利用したデータを読み込みの早い場所に一時的に保存しておき、再び同じデータを利用するときに高速に読み込めるようにしておくしくみ。

クラウド (➡6-1)
インターネットを介して外部のシステムを利用する方法。

グラフ型 (➡2-7)
関係性を表現することができるモデル。

コミット (➡4-15)
一連のトランザクションに含まれる処理が成功したときに、その結果をデータベースに反映させること。

さ行 ―――――

差分バックアップ (➡6-6)
フルバックアップ後に追加された変更分をバックアップする方式。

シノニム (➡5-15)
別の名前なのに同じ意味を持つ言葉。

主キー (➡4-12)
カラムに他のレコードと重複する値やNULLを格納できなくする制約。

真偽値 (➡4-5)
プログラムの世界において、「真（true）」と「偽（false）」の2種類の値を意味する。ONかOFFかといった2つの状態を表現するときに用いられることが多い。

人的脅威 (➡7-3)
人間によるミスや不正行為によって損失を引き起こす要因。誤操作、紛失・置き忘れ、ソーシャルエンジニアリングなどが例として挙げられる。

スケールアウト (➡7-8)
コンピューターの数を増やして処理を分散することでシステムの処理能力を高める手段。

スケールアップ (➡7-8)
メモリやディスク、CPUを増設したり、より高性能な製品に置き換えることでシステムの処理能力を高める手段。

スロークエリ (➡7-6)
実行に時間がかかっている SQL 文。

正規化 (➡5-10)
データベース内のデータを整理する手順。データの重複を減らし、管理しやすい構造に整えることができる。

制約 (➡4-6)
カラムに格納できる値を指定するための制限。「NOT NULL」や「UNIQUE」、「DEFAULT」といった制約がある。

増分バックアップ (➡6-6)
前回のバックアップ以降の変更分のみをバックアップする方式。

ソーシャルエンジニアリング (➡7-3)
人の心理や行動の隙を狙って重要な情報を入手する手段。

属性 (➡4-6)
カラムに対して値をある規則で整えて格納するための設定。連番を自動的に格納する「AUTO_INCREMENT」属性などがある。

た行 ―――――

ダンプ (➡6-7)
データベースの内容をファイルに出力すること。

中間テーブル (➡5-18)
多対多の関係をテーブルで表すために、2つのテーブルの間に設けて両者を関連付けるためのテーブル。

データ (➡1-1)
数値やテキスト、日時などのひとつひとつの資料。

データベース (➡1-1)
複数のデータを一箇所に整理して集めて有効に活用できるようにしたもの。データの登録・整理・検索ができるという特徴がある。

データベース管理システム（DBMS） (➡1-3)
大容量のデータを扱うために必要な機能が設けられたシステム。基本的にデータベースを操作するときは、データベース管理システムに指示を送る。ユーザーとデータベースの間に入ってデータベースをより便利に安全に使えるように管理する役割を果たす。

データ型 (➡4-1)
各カラムに指定するデータの形式。数値や文字列、日付、時間を扱う型などがある。カラムに保存する値のフォーマットを揃えることができたり、値をどのように扱うか決めておいたりすることができる。

テーブル (➡2-2)
リレーショナル型データベースにおいて、いわゆるデータを格納するための表にあたるもの。

テーブル結合 (➡2-3、3-20)
リレーショナル型データベースにおいて、複数の関連するテーブル同士を組み合わせてデータを取得する方法。

デッドロック (➡4-17)
複数のトランザクション処理が同時に同じデータを操作することで、互いに相手の処理終了を待つ状態となり、次の処理へ進めなくなってしまう状態。

ドキュメント指向型 (➡2-7)
JSONやXMLと呼ばれる階層構造を持った形式のデータを格納することができるモデル。

トランザクション (➡4-14)
データベースに対して行われる複数の処理をまとめたもの。

な行

内部結合 (➡3-21)
指定したカラムの値が一致するデータのみを結合して取得する方法。

ネットワーク型 (➡2-1)
データを網目状に表すデータモデル。

は行

バックアップ (➡6-6)
データの破損に備えて複製を作成しておくこと。

ビッグデータ (➡8-7)
日々蓄積されていく、さまざまな形式の巨大なデータのまとまり。

フィールド (➡2-2)
各レコードの中にある ひとつひとつの入力項目。

ブール値 (➡4-5)
プログラムの世界において、「真（true）」と「偽（false）」の2種類の値を意味する。ONかOFFかといった2つの状態を表現するときに用いられることが多い。

複合化 (➡6-8)
暗号化されたデータを元に戻す処理。

物理的脅威 (➡7-1)
物理的にシステムに損失を引き起こす要因。自然災害による機器の破損や障害、不法侵入による機器の盗難、老朽化による機器の故障などが例として挙げられる。

プライマリキー (➡4-12)
カラムに他のレコードと重複する値やNULLを格納できなくする制約。

フルバックアップ (➡6-6)
すべてのデータのバックアップをとる方式。

ホモニム (➡5-15)
同じ名前なのに別の意味を持つ言葉。

や行

要件定義 (➡5-1、5-4)
現状の問題に対して、それを解決するためにどのようなシステムにするのかを決める工程。

ら行

ランニングコスト (➡6-3)
システム導入後に毎月かかる費用。

リストア (➡6-7)
ダンプファイルからデータを復元すること。

リレーショナル型 (➡2-1)
行と列を持った2次元の表にデータを格納するデータモデル。複数の表を組み合わせることによって、多様なデータを表すことができる。

リレーションシップ (➡5-6)
エンティティ同士の結びつき。1対多、多対多、1対1といった種類がある。

レコード (➡2-2)
テーブルの行にあたる部分。

レプリケーション (➡7-9)
データベースでスケールアウトを実現する機能のひとつ。元となるデータベースから同じ内容のデータベースを複製し、データを同期して使うことができる機能。

ロールバック (➡4-16)
トランザクション内の処理を取り消して、トランザクション開始時点の状態まで戻すこと。

ログ (➡6-5)
コンピュータに対して行われた操作履歴や、システムの稼働状況などを記録したファイル。データベースにおいてはスローログやエラーログと呼ばれるものがある。

索 引

本書内容に関するお問い合わせについて

このたびは翔泳社の書籍をお買い上げいただき、誠にありがとうございます。弊社では、読者の皆様からのお問い合わせに適切に対応させていただくため、以下のガイドラインへのご協力をお願い致しております。下記項目をお読みいただき、手順に従ってお問い合わせください。

●ご質問される前に

弊社Webサイトの「正誤表」をご参照ください。これまでに判明した正誤や追加情報を掲載しています。

正誤表　https//www.shoeisha.co.jp/book/errata/

●ご質問方法

弊社Webサイトの「刊行物Q&A」をご利用ください。

刊行物Q&A　https://www.shoeisha.co.jp/book/qa/

インターネットをご利用でない場合は、FAXまたは郵便にて、下記"翔泳社 愛読者サービスセンター"までお問い合わせください。
電話でのご質問は、お受けしておりません。

●回答について

回答は、ご質問いただいた手段によってご返事申し上げます。ご質問の内容によっては、回答に数日ないしはそれ以上の期間を要する場合があります。

●ご質問に際してのご注意

本書の対象を越えるもの、記述個所を特定されないもの、また読者固有の環境に起因するご質問等にはお答えできませんので、予めご了承ください。

●郵便物送付先およびFAX番号

送付先住所　〒160-0006　東京都新宿区舟町5
FAX番号　　03-5362-3818
宛先　　　　（株）翔泳社 愛読者サービスセンター

坂上 幸大 （さかがみ・こうだい）

プログラミング入門サイト「プロメモ」の作者 / Webエンジニア。「プロメモ」を通してこれからエンジニアを目指す方向けに、Webアプリケーション開発の基礎知識を発信している。同時にバックエンドを中心とした開発案件への参画や、自らWebサービスの開発・運営も行っている。過去には大手SIerにてインフラシステムの構築や、複数のスタートアップ企業にて自社Webサービスの開発を担当。その後、開発マネージャーとしてエンジニア採用や育成を経験。2019年よりこれまでの知見を発信するため「プロメモ」を立ち上げ、2年で累計130万以上のページビューを持つサイトとなった。

● プロメモ　https://26gram.com//

装丁・本文デザイン／相京 厚史（next door design）
カバーイラスト／越井 隆
DTP／BUCH+

図解まるわかり データベースのしくみ

2021年1月27日　初版第1刷発行

著者	坂上 幸大（さかがみ こうだい）
発行人	佐々木 幹夫
発行所	株式会社 翔泳社（https://www.shoeisha.co.jp）
印刷・製本	株式会社 加藤文明社印刷所

ISBN978-4-7981-6605-6　　　　　　　　　　　　　　Printed in Japan